基于 Vienna 整流器的
航空高压直流系统电能品质控制

李颖晖　吴　辰　徐浩军　袁国强　著

科学出版社
北京

内 容 简 介

本书主要介绍了基于 Vienna 整流器的航空高压直流系统的电能品质控制策略,对电网平衡时、不平衡时 Vienna 整流器的控制策略和工作在连续导电模式、断续导电模式下 Buck 变换器的控制策略进行了详细分析。综合运用开关表、空间矢量调制、滞环控制、滑模控制等方法,分析并确定了电压利用率对电压矢量选择的影响,电网不平衡时 Vienna 整流器的稳定工作条件,Buck 变换器中控制器参数与工作模式、性能指标之间的关系,解决了中点电位不平衡、幂次趋近律收敛速度低等具体问题,为设计高效率、高性能的航空整流器,提高高压直流系统的电能品质提供了重要的理论指导。

本书贴近航空电气工程实际需求,既有理论分析又有实际应用,内容丰富,深入浅出,力争做到简明、科学,可供相关科研和工程人员参考阅读。

图书在版编目(CIP)数据

基于 Vienna 整流器的航空高压直流系统电能品质控制/李颖晖等著. —北京:科学出版社,2021.3
ISBN 978-7-03-066700-7

Ⅰ. ①基… Ⅱ. ①李… Ⅲ. ①航空电气设备–高压直流发生器–研究 Ⅳ. ①V242.2

中国版本图书馆 CIP 数据核字(2020)第 215400 号

责任编辑:张海娜 纪四稳 / 责任校对:杨聪敏
责任印制:吴兆东 / 封面设计:蓝正设计

科学出版社 出版
北京东黄城根北街 16 号
邮政编码:100717
http://www.sciencep.com

北京中科印刷有限公司印刷
科学出版社发行 各地新华书店经销

*

2021 年 3 月第 一 版 开本:B5(720×1000)
2025 年 1 月第二次印刷 印张:13 1/4
字数:262 000

定价:118.00 元
(如有印装质量问题,我社负责调换)

前　言

在多电飞机中，大量电力电子设备的使用给电网带来了额外的谐波污染。为解决谐波污染问题，需从航空整流器的性能改善着手，提高其在负载大范围变化时对输入电流的调节能力。

Vienna 整流器在保持了传统三电平整流器中开关管电压应力小、交流侧电流谐波含量低等优点的同时，大幅度减少了开关管的数量，显著提升了功率密度，因此是航空整流器拓扑的合适选择。然而，该型整流器作为一种电流驱动型的三电平整流器，端电压是由开关状态和交流侧电流极性共同决定的，在某一电流极性下，开关状态不同于常规三电平拓扑的 $3^3=27$ 个，而是 $2^3=8$ 个，因此 Vienna 整流器中控制策略和调制方法的设计需要考虑更多的开关状态限制。此外，由于拥有升压特性，Vienna 整流器不适于将 115V/400Hz 交流电直接变换为 270V 直流电，而需在整流器输出端加装一个用于降压的 Buck 变换器，这样也更有利于稳定直流输出电压。

为保证高压直流系统的电能品质，RTCA/DO-160G《机载设备环境条件和试验程序》和国军标 GJB 181A—2003《飞机供电特性》分别对交流侧电流谐波含量和直流电压稳态、瞬态特性做了严格的规定，本书以上述标准为依据，以输出端带航空电子负载的三相 Vienna 整流器为研究对象，对 Vienna 整流器和 Buck 变换器的控制策略进行研究。

全书共 7 章，第 1 章主要介绍三相整流器拓扑结构、控制策略和 DC/DC 变换器控制策略的研究现状；第 2 章主要介绍三相三线两电平脉冲宽度调制(PWM)整流器的主要工作原理、建模方法和空间矢量脉冲宽度调制(SVPWM)实现方法，为后续章节内容论述奠定基础；第 3 章根据 Vienna 整流器在两相同步 dq 坐标系下的数学模型，分析在不同的电压利用率下，各电压矢量对交流侧电流分量 i_d、i_q 和直流侧中点电位的影响，在此基础上设计一种考虑中点电位平衡的新型开关表设计方法；第 4 章根据三相 Vienna 整流器的工作特点，基于模糊幂次趋近律设计一种具有良好的动态、稳态、抗干扰性能及中点电位调节能力的双闭环滑模控制策略；第 5 章针对电网不平衡的特点，改进第 4 章提出的双闭环滑模控制方法，分别设计抑制交流负序电流的控制策略和抑制有功功率二次谐波的控制策略；第

6 章设计一种适用于 Buck 变换器的滞环滑模控制策略，并分析输出电压的纹波、调节时间、开关频率与滑模面系数 α、滞环宽度 δ 的关系；第 7 章在 Vienna 整流器的输出端分别加入工作在断续导电模式和连续导电模式下的 Buck 变换器，分析不同航空电子负载对 Vienna 整流器的影响。

　　本书由空军工程大学航空工程学院李颖晖教授、吴辰博士、徐浩军教授、袁国强博士共同撰写。其中，第 1、7 章由李颖晖教授撰写，第 2、5 章由徐浩军教授撰写，第 3、4 章由吴辰博士撰写，第 6 章由袁国强博士撰写。

　　由于作者水平所限，书中难免存在疏漏或不足之处，敬请广大读者批评指正。

李颖晖

2020 年 8 月

目　　录

第1章 概 论

1.1 航空高压直流系统电能品质的要求

目前，飞机供电系统类型[1]包括低压直流(low-voltage direct current，LVDC)供电系统、恒速恒频(constant speed constant frequency，CSCF)交流供电系统、变速恒频(variable speed constant frequency，VSCF)交流供电系统和高压直流(high-voltage direct current，HVDC)供电系统等，其中，高压直流供电系统由于具有可靠性强、工作效率高、易于维护等优点，已经逐渐成为多电飞机上供电系统的主要架构[2,3]。图 1.1 是多电飞机高压直流供电系统的一种典型结构，其中 AC/DC 指交流-直流(alternating current/direct current)，DC/AC 指直流-交流，DC/DC 指直流-直流。

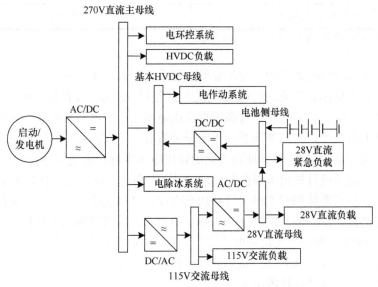

图 1.1 多电飞机高压直流供电系统的一种典型结构

在高压直流供电系统中，由于电力电子装置的使用，大量机载用电设备由线性负载变为非线性很强的航空电子负载，这给系统交流侧带来了额外的谐波污染[4-8]。为保证系统的电能品质，RTCA/DO-160G《机载设备环境条件和试验程

序》[6](后文简称为 DO-160G)对交流侧谐波电流的上限值做了严格规定,如表 1.1
所示。为解决多电飞机中航空电子负载造成的谐波污染问题,需从改善航空整流
器的性能着手,提高其在负载大范围变化时对输入电流的调节能力[10, 11]。

表 1.1　DO-160G 对谐波电流的要求

谐波次数	谐波要求
直流分量	$I_0 = \pm 0.1\text{A}$
奇次谐波(3, 5, 7)	$I_n = 0.02I_1$
3 的整数倍的奇次谐波(9, 15, 21, ⋯, 39)	$I_n = 0.1I_1/n$
奇次谐波(11)	$I_{11} = 0.1I_1$
奇次谐波(13)	$I_{13} = 0.08I_1$
奇次谐波(17, 19)	$I_n = 0.04I_1$
奇次谐波(23, 25)	$I_n = 0.03I_1$
奇次谐波(29, 31, 35, 37)	$I_n = 0.3I_1/n$
偶次谐波(2, 4)	$I_n = 0.01I_1/n$
偶次谐波(6, 8, 10, ⋯, 40)	$I_n = 0.0025I_1/n$

注:I_0 表示直流分量,I_1 表示基波,I_n 表示 n 次谐波。

在高压直流供电系统中,为保证发电环节与现有系统的继承性,目前多采用
三级式同步电机作为系统的启动/发电机[12],经过 AC/DC 变换将 115V/400Hz 交
流电变换为 270V 直流电,作为高压直流供电系统中主母线的电源。由此可见,
在该型供电系统中,三相整流器的作用至关重要,不仅需要尽可能地消除交流侧
电流的谐波含量,而且需要保证直流侧的输出电压准确稳定地保持在期望电压值,
这对航空整流器设计提出了很高的要求[13,14]:①高功率密度,由于飞机载荷有限,
应尽量减小整流器体积和重量,提高功率密度;②高功率因数,应尽量削弱交流
侧电流的谐波含量,使其满足 DO-160G 的要求;③直流侧电压可控,符合国
军标 GJB 181A—2003《飞机供电特性》[15]对 270V 直流供电系统稳态、瞬态特性
的规定(表 1.2);④鲁棒性强,负载非线性程度、突加突卸频率的提高,对整流器
中电流电压控制的鲁棒性提出了更高的要求。

表 1.2　GJB 181A—2003 对 270V 直流供电系统稳态、瞬态特性的规定

工作特性	输出电压稳态值	畸变系数	脉动幅度	畸变频谱	电压瞬变
范围	250~280V	≤0.015	≤6.0V	图 1.2	图 1.3

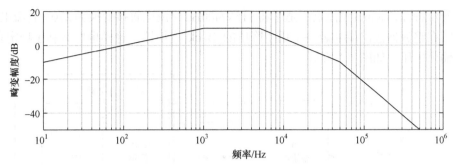

图 1.2 270V 直流系统最大畸变频谱(畸变幅度为以均方根值 1.0 为基准的分贝数)

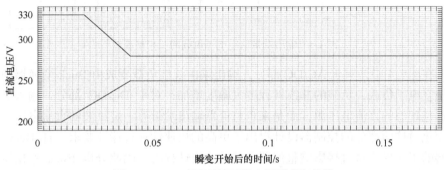

图 1.3 270V 直流系统正常电压瞬变包络线

　　由于对航空整流器的要求不断提升,有关整流器拓扑结构[16-20]、控制策略[21-26]的研究受到了国内外诸多学者的广泛关注。在拓扑结构上,由于三电平整流器在抑制谐波、提高功率因数、减小电压应力等方面相比于两电平具有明显的优势,近年来已逐渐成为整流器研究中的主流选择[27-29]。在三电平整流器中,每个开关周期内,电平的输出为正、负、零三种,因此相比两电平拓扑功率损耗降低;功率开关器件的电压应力降至两电平整流器的一半;在相同的开关频率下,交流侧电流的正弦性更好,谐波含量更低。但同时,传统的三电平整流器开关器件较多,以目前最常用的二极管箝位型三电平整流器为例,其包含 12 个开关管,相比两电平六开关整流器,开关管数增加了一倍,体积、重量也显著提高,因此使其难以应用于机载供电系统中。

　　Vienna 整流器将三电平中的开关管数量由 12 个减少至 3 个,显著提升了功率密度,同时保持了传统三电平整流器中开关管电压应力小、交流侧电流谐波含量低等优点,因此,已被广泛应用于无线电通信、风力发电等领域,也是航空整流器拓扑的合适选择[30, 31]。然而,该型整流器作为一种电流驱动型的三电平整流器,端电压是由开关状态和交流侧电流极性共同决定的,在某一电流极性下,开关状态不同于常规三电平拓扑的 $3^3 = 27$ 个,而是 $2^3 = 8$ 个,因此 Vienna 整流器中控制策略和调制方法的设计需要考虑更多的开关状态限制[32, 33]。此外,由于拥有升压特性，Vienna整流器不适于将115V/400Hz交流电直接变换为270V直流电，而需在整流器输出端加装一个用于降压的 Buck 变换器，这样也更有利于稳定直流输出电压，如图 1.4 所示。

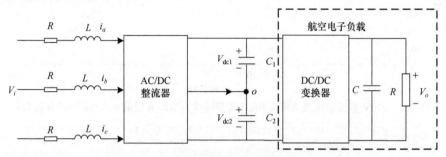

图 1.4　输出端带航空电子负载的三相整流器

在图 1.4 中，对于 AC/DC 部分，输出端由线性负载变成由 Buck 变换器构成的航空电子负载，负载的非线性程度大幅度增加；对于 DC/DC 部分，输入电压不再是理想的直流电压源，而是来自整流器输出端带有一定纹波的直流电压，上述变化对这两部分的控制器设计提出了更高的快速性和鲁棒性要求，且 Buck 变换器的工作模式将直接影响整流器负载的非线性程度，因此分析 Buck 变换器的控制器参数与工作模式的关系也至关重要。

1.2　航空三相整流器拓扑结构的研究现状

随着功率半导体器件制造工艺的进步和广泛应用，采用全控开关的脉冲宽度调制(pulse width modulation，PWM)整流器系统一方面可以实现由交流输入到直流输出的变换，在输出端获得稳定的直流电压；另一方面可以对输入电流进行控制，提高整流器交流侧的功率因数[34-36]。三相整流器按照调制电平的不同可以分为两电平[37, 38]、三电平[27, 28]和多电平[39, 40]三种，由于航空电源系统有严格的重量和体积限制，目前应用多电平整流器尚有难度，所以本书主要对两电平整流器和三电平整流器拓扑结构的研究现状进行简述。

1.2.1　两电平整流器

1. 三相单开关 Boost 型整流器[41, 42]

三相单开关 Boost 型整流器电路是将单相 Boost 型功率因数校正(power factor correction，PFC)电路延伸至三相电路，如图 1.5 所示，它由三相二极管整流桥和 Boost 型电路组合而成，Boost 电感在二极管整流桥的交流侧。该型整流器仅包含一个开关管，因此电路结构和控制器设计都比较简单；电路工作在断续导电模式下，二极管 VD_o 不存在反向恢复问题，开关损耗较低。然而，该型整流器的电流谐波含量较大，需要加装较大的电磁干扰(electromagnetic interference，EMI)滤波器，因此只适用于输出功率小于 10kW 且对输入电流谐波含量要求不高的场合。

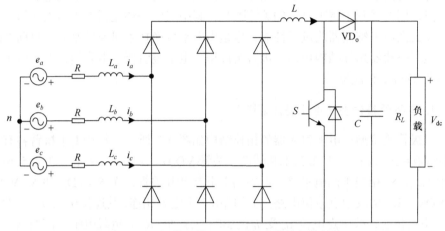

图 1.5　三相单开关 Boost 型整流器的拓扑结构

2. 三相六开关整流器[43-45]

三相六开关整流器是目前最常用的拓扑结构之一，如图 1.6 所示，其整流桥由六个开关管组成，每个开关管按照正弦波脉冲宽度调制(sinusoidal pulse width modulation，SPWM)或空间矢量脉冲宽度调制(space vector pulse width modulation，SVPWM)控制交流侧电流 i_a、i_b、i_c 的幅值和相位，从而达到控制输入侧有功功率和无功功率的目的。

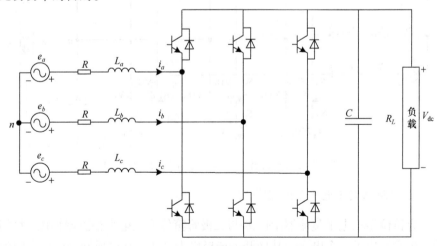

图 1.6　三相六开关整流器的拓扑结构

1.2.2   三电平整流器

随着电力电子技术的发展，传统两电平整流器难以满足耐高压、高频化、大容量等特性的要求，而多电平整流器具有开关管上电压应力小、输入电流波形好等优点，因此受到了越来越多的关注[46-49]，其中三电平整流器尤为引人注目，其不仅相比两电平整流器改进了性能，也是多电平变换技术研究的基础。目前常用的三电平整流器拓扑结构包括二极管箝位型三电平整流器、电容箝位型三电平整流器及 Vienna 整流器等。

1. 二极管箝位型三电平整流器[50-52]

二极管箝位型三电平整流器的拓扑结构如图 1.7 所示，每相上下桥臂各有开关管 $S_{ij}(i = a, b, c; j = 1, 2, 3, 4)$和辅助开关管 $VD_{ij}(i = a, b, c; j = 1, 2, 3, 4, 5, 6)$，其中 S_{i1} 和 S_{i4} 相当于两电平整流器中的上下互补开关管，而 $S_{i2}(VD_{i2})$和 $S_{i3}(VD_{i3})$与 VD_{i5}、VD_{i6}构成中点箝位电路。直流侧由 2 个电容相连，其连接中点 o 与 VD_{i5}、VD_{i6} 中点相连，故中点电位 u_o 受 i_o 的影响而浮动，R_L 为负载电阻。该型整流器通过 $S_{i1} \sim S_{i4}(i = a, b, c)$的导通与关断状态，使得交流侧电流正弦化，功率因数接近 1，同时保证直流侧输出电压保持恒定。在每个时刻，整流器都必须有两个开关管导通。

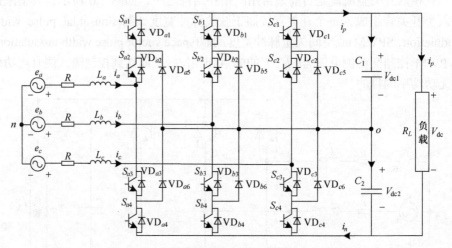

图 1.7   二极管箝位型三电平整流器的拓扑结构

2. 电容箝位型三电平整流器[53, 54]

电容箝位型三电平整流器(图 1.8)与二极管箝位型三电平整流器相比，每相的辅助二极管换成了一个电容，从而开关选择更为灵活，在合成同一电压空间矢量时有较多的选择,直流侧的上下电容电压更容易保持均衡,但也有其突出的缺点:①用三个电容代替了六个二极管,系统体积和成本都因此显著增加;②合成同一电压空间矢量时有较多的开关组合选择,也使整流器的控制、调制策略设计变得复杂。

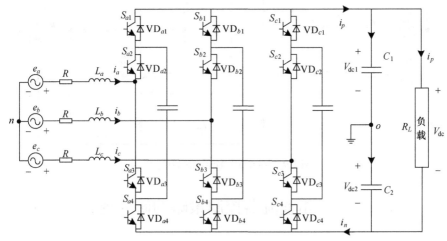

图 1.8 电容箝位型三电平整流器的拓扑结构

3. Vienna 整流器[31, 55, 56]

上述两型三电平整流器降低了开关管上的电压应力,改善了系统的性能,但包含的开关管数量较多,所以也增加了体积与功耗,降低了整流器的功率密度,因此不适于在对体积、重量要求严格的航空领域使用。三相 Vienna 整流器是一种只含有三个开关管的三电平整流器,其在保持常规三电平整流器优点的同时,还具有较高的功率密度,目前已被广泛应用于多种高电压、高功率场合[32],Vienna 整流器拓扑结构如图 1.9 所示。

Vienna 整流器的整流桥由三个双向开关管和六个快速恢复二极管组成,其中,每个双向开关管是由一个功率开关管和四个整流二极管相连接构成的。该型整流器的输入电流是通过三个开关管 S_a、S_b、S_c 控制的,当开关管导通时,输入端电压被箝位于直流母线中点,输入相电流绝对值增大,对应的开关状态为"0";当开关管关断,且相电流大于零时,上桥臂二极管导通,对应的开关状态为"1",当相电流小于零时,下桥臂二极管导通,对应的开关状态为"−1",这两种情况下输入相电流绝对值减小。相比上两型三电平整流器,Vienna 整流器所需的开关器件更少,且无须设置死区时间,因此适用于对体积和重量有严格限制的航空领域。

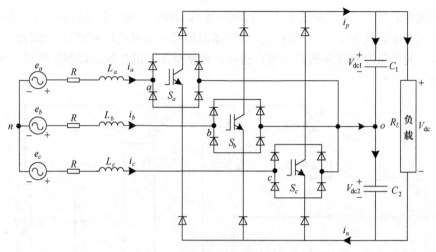

图 1.9　Vienna 整流器的拓扑结构

1.3　三相整流器控制策略的研究现状

1.3.1　基本的控制对象与方法

对于三相整流器,其主要控制目标为[57, 58]:①交流侧电流正弦化,快速精确地跟随输入电压,整流器单位功率因数运行;②直流侧输出电压稳定跟踪参考值。为实现上述两个控制目标,整流器的控制系统设计一般采用双闭环结构[59, 60],外环控制采用直流侧的输出电压控制,内环控制根据控制对象不同,分为直接电流控制和直接功率控制。其中,直接电流控制[61-63]是通过控制交流侧电流矢量,使其与电网电压同步旋转,且相位一致,来实现交流侧的单位功率因数运行;直接功率控制[22, 64]是根据交流电动机驱动控制中的直接转矩控制发展而来的,是对有功功率和无功功率的直接闭环控制。实际上,根据瞬时功率理论,电网吸收的瞬时有功功率和无功功率是通过交流侧电流和电压计算得出的,直接电流控制中输入电流的参考值又是通过瞬时功率参考值转化而成的,因此上述两种控制策略从本质上讲都是要使瞬时无功功率为零,输入端仅向输出端输送有功功率,从而使整流器以单位功率因数运行。

根据内环控制参考的坐标系不同,又可将整流器的控制器结构分为基于三相静止 abc 坐标系、基于两相静止 $\alpha\beta$ 坐标系和基于两相同步旋转 dq 坐标系的控制器。

1. 基于三相静止 *abc* 坐标系的控制器设计[65-67]

在三相整流器中,最初的内环控制器设计是基于三相静止 *abc* 坐标系进行的,如图 1.10 所示。

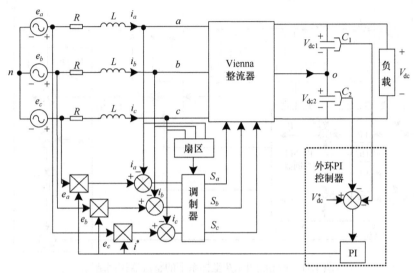

图 1.10　三相静止 *abc* 坐标系下的整流器控制结构

PI: 比例积分

由于在三相静止 *abc* 坐标系下的整流器模型各变量耦合,内环控制设计的关键点在于通过解耦,使每个控制器的输入输出量为单相电流和其所对应的开关状态。

2. 基于两相静止 *αβ* 坐标系的控制器设计[68, 69]

在三相三线制电路中,三相输入电流之和为零,因此三相输入电流中只有两个独立变量,可以将整流器模型投影到两相静止 *αβ* 坐标系中,设计的控制器如图 1.11 所示。

在图 1.11 中,内环通过比例谐振(PR)的控制方法实现直接电流控制,当然也可根据该控制结构应用其他控制方法来实现对输入电流或输入瞬时功率的控制。

3. 基于两相同步旋转 *dq* 坐标系的控制器设计[70-72]

将三相电流在三相静止 *abc* 坐标系中的交流变量变换成在两相同步旋转 *dq* 坐标系中的直流变量再计算瞬时功率更加简单,设计的控制器如图 1.12 所示。

在图 1.12 中,内环通过比例积分的控制方法实现了直接电流控制,当然也可以按照该控制结构应用其他控制方法来实现对输入电流或输入瞬时功率的控制。

根据上述分析,三相整流器的控制策略根据控制对象的不同可以分为直接电流

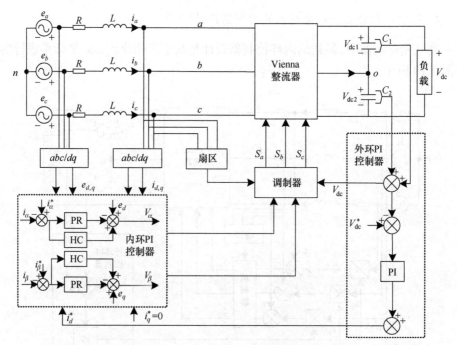

图 1.11　两相静止 $\alpha\beta$ 坐标系下的整流器控制结构

PR：比例谐振；HC：滞环控制

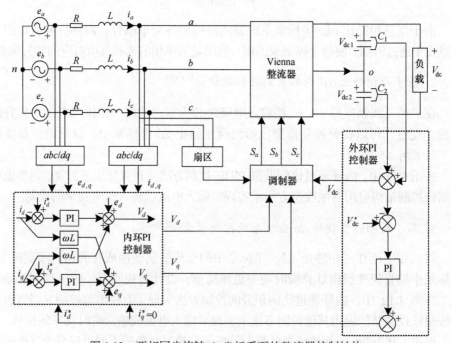

图 1.12　两相同步旋转 dq 坐标系下的整流器控制结构

控制和直接功率控制，根据控制器结构的不同可以分为基于三相静止 *abc* 坐标系的控制策略、基于两相静止 $\alpha\beta$ 坐标系的控制策略、基于两相同步旋转 *dq* 坐标系的控制策略，除此之外，根据控制器实现方法的不同，又可分为滞环控制、比例积分控制、单周期控制、反馈线性化控制、无源控制、滑模控制等。三相整流器控制的分类如图 1.13 所示。

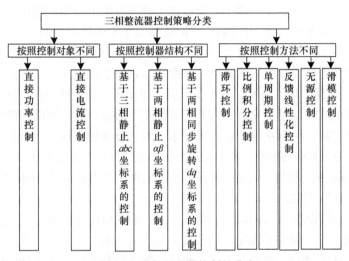

图 1.13　三相整流器控制的分类

1) 滞环控制

滞环控制(hysteresis control，HC)[73, 74]是将检测计算的瞬时功率或输入电流的 *dq* 分量与其参考值送入滞环比较器中，再根据滞环比较器的输出和电网电压的矢量位置，通过查询开关表确定各开关管的状态。这种通过查询开关表解决变换器控制问题的方法是由 Noguchi 等于 1998 年提出的[75]，该方法结构简单，易于实现，因此应用相当广泛。在该类方法中，开关表的设计将直接关系到控制性能的优劣，传统的设计方法是采用单一开关表完成对有功功率和无功功率的同时控制，容易造成功率的较大波动。针对该问题，文献[76]分别设计了优先控制有功功率和无功功率的两个开关表，通过设计调节规则，交替使用两表，获得了更好的电流调节性能。文献[77]在此基础上，通过模糊数学的方法，进一步优化了开关表。然而，上述研究均未能兼顾有功功率和无功功率的控制，因此文献[78]设计了三种开关表，分别以有功功率控制、无功功率控制、兼顾有功功率控制和无功功率控制为目标，并建立了选择规则，使系统能够在不同的控制要求下选择合适的开关表。上述的开关表设计适用于两电平整流器，对于多数三电平整流器，其开关状态选择要远多于两电平整流器，因此开关表的设计难度也显著增加。文献[79]设计了一种适用于三电平整流器的开关表，在调节有功功率和无功功率的同时，在开关切换的过程中遵循尽量避免电压幅值过高跳变的原则，取得了较为满意的性能指标。文献[80]和[81]分析了直流电压利用率对电压矢量选择的影响，提出了基于多级式滞环比较器的开关表设计方案，同时兼顾了对中点电位的控制。综上，在两电平整流器中，开关表的设计只需考虑有功功率和无功功率两个调节目标，将每个电压扇区内的 8 种电压矢量划分到两个滞环比较器产生的 4 种状态即可；在一般的三电平整流器中，调节对象增加了直流侧的上下电容电压差，即三个滞环比较器将产生 8 种状态，开关表设计时需将每个电压扇区内的 25 种电压矢量划分到对应的状态中，复杂性显著提高。当然，由于每个扇区内的电压矢量选择较多，所以每种滞环比较器的状态下一般都能找到对应的电压矢量。然而，对于三相 Vienna 整流器，其虽同属三电平整流器，却无法做到上述要求，这是因为该整流器是一种电流驱动型整流器，其开关管两端电压是由开关管的通断和输入电流方向共同决定的，所以在每个输入电流扇区内只有 8 种电压矢量可用，无法同时满足有功功率、无功功率与中点电位平衡的控制要求，正是由于这一难点，目前针对三相 Vienna 整流器的开关表设计研究很少出现，本书将针对该问题展开研究。

2) 比例积分控制

上述滞环控制方法结构简单，易于实现，因此应用范围非常广泛，但它存在明显的缺点：开关频率不固定，容易受负载变化的影响。针对该问题，文献[82]提出了一种基于 PWM 的控制方法，此后，该类控制方法成为设计整流器控制器的主流方法。比例积分(proportional integral，PI)控制是最早与 PWM 结合的控制方法，也是工业应用中最常用的控制方法之一。采用 PI 控制方法时，内环控制一般参考两相同步旋转 dq 坐标系[83-85]，传统 PI 控制的传递函数为 $G_c = k_p + k_i/s$，只能实现对直流信号的无静差跟踪，为实现对交流信号的无静差跟踪，需将传递函数改为 $G_c = k_p + k_i s/s^2 + \omega_0^2$，其中包含比例项和谐振项，$\omega_0$ 为被跟踪信号的角频率，因此被称为比例谐振(proportional-resonant，PR)控制[84, 86, 87]。PI 控制和 PR 控制算法简单，但鲁棒性较差，易受电路参数和负载变化的影响，因此随着控制理论的发展，此类控制方法逐渐被非线性控制方法所代替。

3) 单周期控制

单周期控制是由 Smedley 等提出的一种非线性控制方法[88]，该控制方法无需电流基准和乘法器，因此电网电压无须采样，从而减少了器件的数量，提高了控制器的运行速度，降低了功率能耗，基于上述特点，单周期控制被广泛应用于包括两电平、三电平整流器在内的多种中小功率的场合[89, 90]。目前，为进一步优化输入电流质量和解决直流电压利用率不足、中点电位不平衡等问题，单周期控制仍在不断改进。文献[91]改善了调制方法，在 SPWM 中注入了 3 次谐波，从而提高了直流电压的利用率；文献[28]提出了一种基于单周期控制的混杂脉冲宽度调制

(hybrid pulse width modulation,HPWM)策略,该策略结合了 SPWM 和 SVPWM 的优点,通过在 SPWM 中直接注入零序信号,兼顾了输入电流质量和中点电位平衡。

4) 反馈线性化控制

三相整流器是一种非线性、强耦合、多变量的系统,利用传统的线性控制方法,只能使系统稳定运行在工作点附近,当工作区域变化较大时,整流器便不能达到理想的性能标准[92-94]。针对该问题,Rioual 等首次将反馈线性化控制理论应用于 PWM 变换器中[95, 96],实现了整流器模型输入/输出的线性化,取得了良好的瞬态响应和对负载变化的鲁棒性。文献[97]在两相同步旋转 dq 坐标系下,通过脉冲模型积分法建立了三相两电平整流器的三阶非线性模型,在此基础上,应用状态反馈精确线性化控制策略,在控制器内环对有功功率和无功功率进行了解耦控制,增加了利用反馈线性化理论解决整流器中非线性问题的普适性。文献[98]将两种基于输入/输出线性化的自适应控制方法应用于三相 Vienna 整流器的控制中,其一,引入三个输出方程,并采用三种动态反馈律令其等于零;其二,定义两个输出方程,并通过两个控制输入解决输出零位问题。

5) 无源控制

无源控制将欧拉-拉格朗日(Euler-Lagrange,EL)系统中的系统结构与能量特性相关联,控制器设计时,由系统状态构造能量函数,并使能量函数收敛于期望的能量函数值[99-101]。该方法由于不用完全消除系统的非线性,所以与一般的反馈线性化方法相比,增加了控制器的鲁棒性,简化了实现的难度,目前已被用于多种 PWM 整流器中[102]。文献[101]首次将无源控制应用于三相 PWM 整流器的控制器设计,建立了三相静止 abc 坐标系和两相同步旋转 dq 坐标系下的 EL 模型,合成了基于无源控制的电压和电流控制器,完成了对输入电流和输出电压的调节。文献[102]提出了一种应用于中性点箝位型(neutral point clamped,NPC)整流器的无源控制器设计方法,将常规的无源控制与能量塑造、阻尼注入等技术相结合,最终,输入电流的谐波含量满足了 CEI 61000-3-2/4 的标准。

6) 滑模控制

滑模控制包含了一个时变且不连续的状态反馈控制律,该控制律根据状态变量在状态空间中的位置以高频在两个连续结构之间切换,旨在使被控系统的状态能够精确跟踪期望状态。由于其控制量不连续的特点与开关管导通关断的状态非常吻合,滑模控制非常适于在各类功率变换器中应用[103-105],除此之外该方法还具有动态响应快、鲁棒性强等优点。文献[106]针对三相整流器在静止 abc 坐标系下的模型,在内环中设计了三个解耦的滑模控制器,较好地完成了对输入电流的调节。文献[107]根据三相 Vienna 整流器的模型特点,提出了一种内环采用滑模-直接功率控制、外环采用滑模-电压控制的双闭环滑模控制策略,有效地改善了瞬时功率和输出电压动态特性。在上述整流器控制设计中,滑模控制展现了良好的动态和稳态性能，但也暴露出一个固有的缺点：由于控制信号的不连续性，系统出现较为明显的抖振现象[108, 109]。当然，提高开关频率可以在一定程度上降低这种不连续性，但这将增加功率变换器的功率损耗，同时也会降低使用寿命。改善滑模趋近律是削弱抖振最有效的方法之一，目前最为常用的指数趋近律[110, 111]和幂次趋近律[112]都有其明显的缺点，需要进一步优化，滑模趋近律的优化和其在Vienna 整流器控制系统设计中的应用也是本书研究的另一个重点问题。

1.3.2　中点电位控制研究

三电平整流器虽然在输入电流调节等性能上明显优于两电平整流器，但会产生中点电位波动的新问题，这将导致输入电流中偶次谐波含量增加，电容和功率器件上的电压应力增大且不平均，因此中点电位平衡控制是三电平整流器研究中的另一个关键问题。

在三电平整流器中，中点电位不平衡是由中点处的非零电流造成的，文献[113]给出了长矢量、中矢量、零矢量与中点处电流的关系，并得出结论：零矢量和大矢量由于不会产生中点电流，对中点电位无影响；中矢量将一相电流与中点连接，小矢量将两相电流与中点连接，且两个产生相同线电压的小矢量对中点电位的影响正好相反，所以这一对小矢量可以被用作平衡中点电位。文献[114]将三电平的中点电位控制方法分为三类：①直接分析电压矢量与中点电位的关系，通过一对冗余小矢量或其他中矢量的控制达到平衡中点电位的目的；②通过在参考电压中注入零序电压解决中点电位平衡问题；③将中点电位偏差直接引入控制器的反馈中，从而使系统在脉冲宽度调制前已经考虑了中点电位平衡的要求。

基于传统滞环控制的三电平整流器无须进行脉冲宽度调制，而是直接查询开关表，得到功率管的开关信号，在这类控制中，中点电位平衡一般是通过方法①实现的。除此之外，文献[115]通过调节各矢量的作用时间使中点电位保持平衡，但导致输入电流谐波含量的增加；文献[116]建立了中点电位和一对冗余小矢量调制时间的关系，根据中点电位的极性调节正负小矢量的作用时间分布，由于这对冗余小矢量对有功、无功功率影响相同，只对中点电位影响相反，所以在保证其作用时间之和不变的情况下，对系统有功、无功功率的控制无影响。

通过注入零序电流是解决中点电位波动的另一种有效的方法，由于调制策略拥有共同特征，该方法在 SPWM 和 SVPWM 中都能应用[48]，然而中点电位和零序电压的关系非线性强，零序分量的计算和其他处理步骤比较烦琐，所以该方法实现起来比较困难[117]。文献[36]提出了一种注入零序电压的 SPWM 策略，其中注入的零序电压是通过分析三向量-空间矢量调制(three vector-space pulse width modulation，TV-SVPWM)和 SPWM 之间的对偶性获得的，该方法在减小中点电位波动的同时，也有效降低了开关频率[118]。

与上述两类方法相比，将中点电位偏差直接引入控制器反馈回路是一种分析和实现都更为简单的中点电位控制方法，该方法无须添加额外的电压补偿调节器，控制器得到的输出量由于已经考虑了中点电位平衡的需求，所以可直接根据该量进行调制。文献[119]提出了一种基于三相静止 *abc* 电流模型的中点电位平衡控制方法，将中点电位偏差乘以补偿系数后加入 PI 控制器中，并给出了补偿系数的设计原则，实验结果表明该方案切实可行。文献[98]将直流侧上下电容电压差作为系统模型的状态之一，在此基础上，提出了一种基于输入输出线性化的整流器控制方法，中点电位波动也得到了很好的抑制。

1.3.3 电网不平衡时的控制研究

在三相整流器的运行过程中，电网电压的完全平衡是很难实现的，而在整流器的设计中，却很少考虑电网不平衡情况的影响[120]。文献[121]的研究表明，当电网不平衡时，若仍采取平衡条件时的控制策略，会造成非特征谐波的增加，从而影响系统的运行性能，严重时甚至会引起故障保护。因此，设计适用于电网不平衡时的控制策略，已经成为目前整流器研究中的又一热点问题。

根据瞬时对称分量(instantaneous symmetrical component，ISC)方法，不平衡的电压可以分解为正序、负序和零序的分量，对于电网电压三相不平衡的电路，控制中无法同时满足消除电流负序分量和保持交流侧电流与电压同步的要求，因此根据控制目标的不同，可将电网电压不平衡时的整流器控制策略分为两类：① 抑制交流侧电流负序分量的控制策略[122]；②抑制有功功率二次谐波的控制策略[123]。第一种控制策略实现相对简单，控制目标是使交流侧电流保持平衡且正弦化，但由于电网电压依然存在负序分量，电流与电压不同步，有功功率、无功功率和直流侧电压均存在较大波动；第二种控制策略的控制目标是使有功功率保持恒定，交流侧电流跟踪电压，由于电网电压中含有负序分量，控制后交流侧电流仍包含负序分量，三相电流不平衡。

当电网电压不平衡时，由于交流侧电压电流中存在负序分量，有功功率和无功功率除了包含稳态分量，还包含有波动的正弦项和余弦项，内环的控制对象由两个变成了六个，根据不同的控制策略(抑制交流侧电流负序分量或抑制有功功率二次谐波)，选择其中的两个(有功功率和无功功率的稳态分量)或四个(有功功率和无功功率的稳态分量、有功功率波动的正弦项和余弦项)，在控制方法的选择和应用上可仍参考电网电压平衡的整流器控制系统进行设计[65, 123]。对于电网电压不平衡的整流器控制器设计，真正的重难点在于正序、负序分量的提取。

目前常用正负序分量提取方法有：①二次谐波滤除法，该方法通过陷波器滤除系统在两相同步旋转 *dq* 坐标系中的二次谐波，获得正序电网电压的 *dq* 分量，并通过原电网电压与正序电网电压相减获得负序电网电压[124]；②参数辨识法，将不平衡的电网电压分解为正序分量和负序分量后，可以通过参数辨识的方法确定其中的待定参数；③信号延迟法，在两相静止坐标系中，将电网电压延迟 1/4 个工频周期，从而达到电网电压正序、负序分量分离的目的；④对称分量法，采用二阶广义积分器，对原电网电压信号进行 90°相角偏移，再利用正序、负序与原电网电压信号的关系求解；⑤双坐标系解耦分序法，该方法采用基于正负序的双同步坐标系结构，实现了正负序的解耦，从而实现了对三相不平衡电网电压的锁相。

1.4　DC/DC 变换器控制策略的研究现状

在过去的五十多年间，众多学者在 DC/DC 变换器的建模、控制等方面进行了大量的研究工作，提出了一系列的控制方法，其中，最基础、最常用的仍是基于小信号平均模型的线性控制方法[125-127]，该类方法具有周期固定、设计简单等优点，因此已被成功地应用在多种设备上。然而，小信号平均是一种获取真实切换模型低频行为的近似方法[128]，当出现大的瞬态变化时，变换器的行为无法充分地反映出来[129, 130]。快时标的不稳定不仅会使变换器出现次谐波振动和混沌现象，而且会进一步恶化系统的瞬态性能[131]。由于上述缺点，传统的小信号平均模型和线性控制方法在工作条件大范围变化时不能保证系统性能(包括稳态和瞬态性能、鲁棒性)的优化[132, 133]。

上述不足促使电力电子领域的研究人员致力于通过非线性控制方法解决 DC/DC 变换器中的控制问题，在较大工作范围内改善变换器的可控性和各种性能。目前，适用于 DC/DC 变换器的常用控制方法包括自适应控制、模糊控制、人工神经网络控制、滑模控制等。

1. 自适应控制[134-136]

自适应控制(adaptive control)能够根据系统条件的变化来不断调整控制律的结构和参数，使系统在所有条件下达到最优性能。该类控制方法通常需要在线调节控制器参数，因此实现时对采样率要求较高，同时计算量较大，控制器设计成本较高，通常被应用于对精度要求较高的领域。

2. 模糊控制[137-140]

模糊控制(fuzzy control)是一种基于模糊逻辑分析的控制方法，控制器设计是通过专家知识的推理完成的，无需精确的模型和复杂的控制律推导，因此设计相对简单，适合应用于非线性时变系统。目前已有学者设计了 DC/DC 变换器的模糊控制器,且取得了较好的鲁棒性能,但同时也发现该方法控制准确性和快速性较差,因此更适于与其他方法结合使用。

3. 人工神经网络控制[141-143]

人工神经网络(artificial neural network,ANN)是一种信息处理模式,它基于一组被称为人造神经元(在动物脑中生物神经元的简化版本)的连接单元,信号可以通过连接(突触的简化版本)在人造神经元之间传送和处理。ANN 的最大优点是可以通过学习获得输入输出之间的复杂关系,利用这种强大的学习能力,可以使DC/DC 变换器在大信号情况下的控制得以实现,但同时该方法计算复杂度较高,控制器的实现对处理器提出了较高的要求。

4. 滑模控制

在大多数情况下,非线性控制器运行需要大量的逻辑和数值计算,这增加了控制系统的复杂性。滑模控制却是一种易于实现且鲁棒性强的非线性控制方法,因此非常适合于完成 DC/DC 变换器的控制器设计。然而,理想的滑模控制在应用中是无法实现的,因为它需要无限大的开关频率,来使被控变量跟踪一个特定的参考轨迹(被称为滑模面),以获得期望的动态和稳态性能[144],而这种需求将导致过大的功率损耗和电磁干扰。

通过在滑模面周围添加一个边界层,可有效减小系统的切换频率,基于这种思路,在过去十余年,已有包括 HC(也称 Bang-Bang 控制)[145, 146]、滞环控制[147-150]、自适应滞环控制[151, 152]、固定频率控制[153-155]在内的多种控制方法被提出,且已通过模拟电路和数字电路成功实现。其中,最常用来减小滑模控制切换频率的方法是滞环调制(hysteresis-modulation,HM)或△-调制技术,采用上述两种方法,滑模控制将转化为有限切换频率的准滑模控制,它是理想滑模控制的近似。

在滑模控制器中,滑模面的设计必须满足存在性、可达性和稳定性这三大要素,根据这一原则,众多学者提出了一系列适用于 DC/DC 变换器的滑模控制器的设计方法。文献[156]提出了一种适用于 Buck 变换器的快速终端滑模控制方法,并证明了闭环系统可以在有限时间内到达期望平衡点;文献[157]根据建立的 Buck变换器离散时间模型,利用分岔理论和 Utkin 的等效控制原理,设计了一种鲁棒性好的离散滑模控制器;文献[158]利用一种 Super-Twisting 高阶滑模控制方法对Buck-Boost 变换器的输出电压进行了控制,提高了系统的收敛时间,且减小了输出电压纹波。

根据滑模存在性、可达性和稳定性的要求可以确定滑模面系数的可用范围,在可用范围内的滑模面系数虽然均满足系统稳定性的要求,但不同参数下系统的瞬态、稳态性能是不一样的(包括收敛时间、电压纹波等),因此分析系统瞬态、稳态性能指标与滑模面系数在内的多个控制器参数的关系，有助于控制器参数的进一步优化，这是本书研究的又一重点问题。

1.5　本 章 小 结

　　本章主要介绍了三相整流器拓扑结构、控制策略和 DC/DC 变换器控制策略的研究现状。

第2章 PWM 整流器的控制策略基础

整流器是将交流电能转换成直流电能的装置，在电力传动、工业直流电源、新能源等领域获得了广泛应用。为避免给电网注入大量的谐波及无功功率，造成严重的电网"污染"，国内外学者开始了对于 PWM 整流器的研究，该类整流器具有交流侧电流低谐波、单位功率因数、恒定电流电压控制等优点，目前已得到了广泛的应用。本章以两电平整流器为例，主要论述 PWM 整流器的工作原理、基本数学模型、SVPWM 算法等，为后续章节内容论述奠定基础。

2.1 两电平 PWM 整流器的工作原理

图 2.1 为三相三线双向电压型 PWM 整流器的主电路。

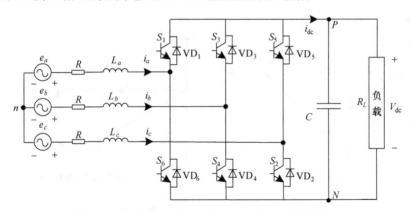

图 2.1 三相三线双向电压型 PWM 整流器的主电路

1. 电压电流空间矢量关系

用空间矢量表示图 2.1 中所示的交流侧电压与电流，交流电源电压、交流电流、电阻电压、电感电压及整流电路输入电压空间矢量分别为

$$e = \frac{2}{3}(e_a \cdot \boldsymbol{j} + \alpha e_b \cdot \boldsymbol{j} + \alpha^2 e_c \cdot \boldsymbol{j}) \tag{2.1}$$

$$i = \frac{2}{3}(i_a \cdot \boldsymbol{j} + \alpha i_b \cdot \boldsymbol{j} + \alpha^2 i_c \cdot \boldsymbol{j}) \tag{2.2}$$

$$v_R = \frac{2}{3}(v_{Ra} \cdot \boldsymbol{j} + \alpha v_{Rb} \cdot \boldsymbol{j} + \alpha^2 v_{Rc} \cdot \boldsymbol{j}) \tag{2.3}$$

$$v_L = \frac{2}{3}(v_{La} \cdot \boldsymbol{j} + \alpha v_{Lb} \cdot \boldsymbol{j} + \alpha^2 v_{Lc} \cdot \boldsymbol{j}) \tag{2.4}$$

$$v_r = \frac{2}{3}(v_{an} \cdot \boldsymbol{j} + \alpha v_{bn} \cdot \boldsymbol{j} + \alpha^2 v_{cn} \cdot \boldsymbol{j}) \tag{2.5}$$

式中，$\alpha = \mathrm{e}^{\mathrm{j}120°}$；$v_{Ra}(v_{La})$、$v_{Rb}(v_{Lb})$、$v_{Rc}(v_{Lc})$ 分别为交流侧电感滤波器电阻(电感)上电压；$\boldsymbol{j}$ 为单位矢量。

根据基尔霍夫电压定律，可得

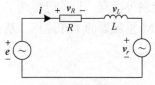

$$e = v_R + v_L + v_r \tag{2.6}$$

对应于式(2.6)的整流器交流侧空间矢量等效电路如图 2.2 所示。

图 2.2　整流器交流侧空间矢量等效电路

根据图 2.2 可得整流器交流侧空间矢量等效关系如图 2.3 所示。图 2.3(a)为非单位功率因数整流工作状态，v_r 与 e 之间的 θ 较大，v_r 较小并滞后于 e；图 2.3(b)为单位功率因数整流状态，e 与 i 同相位，θ 较小，v_r 较大并滞后于 e，

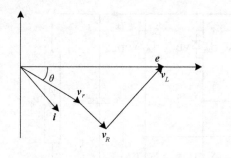

(a) 非单位功率因数整流工作状态

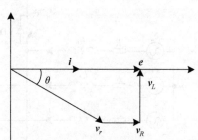

(b) 单位功率因数整流状态

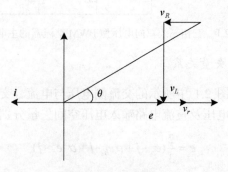

(c) 单位功率因数逆变状态

图 2.3　整流器电压电流空间矢量关系

在整流工作状态时，电能由电源通过整流器向负载供电；图 2.3(c)为单位功率因数逆变状态，e 与 i 反相位，θ 较小，v_r 较大并超前于 e，此时，能量由负载通过整流器回馈给电源。

2. 整流电路输入电压空间矢量

为分析整流电路的开关工作状态，定义单极性二值逻辑开关函数 $S_j(j = a,b,c) = 1$(上桥臂导通，下桥臂关断)，$S_j = 0$(下桥臂导通，上桥臂关断)，三个桥臂导通与关断组合有 8 种开关状态(000)～(111)，其中(001)～(110)为非零状态，(000)、(111)为零状态。例如，(100)表示 a 相上桥臂导通，b、c 两相下桥臂导通；(000)表示所有的下桥臂均导通，则整流电路输入端线电压均为零，故此状态为零状态。8 种开关状态对应于 8 种整流电路输入电压空间矢量 v_r，即 V_0(000)、V_1(100)、V_2(110)、V_3(010)、V_4(011)、V_5(001)、V_6(101)、V_7(111)。根据上述二值逻辑开关函数，整流电路输入电压空间矢量即式(2.5)变为

$$
\begin{aligned}
\boldsymbol{u}_r &= \frac{2}{3}V_{\mathrm{dc}}(S_a \cdot \boldsymbol{j} + \alpha S_b \cdot \boldsymbol{j} + \alpha^2 S_c \cdot \boldsymbol{j}) \\
&= \frac{2}{3}V_{\mathrm{dc}}\left[S_a \cdot \boldsymbol{j} - \frac{1}{2}(S_b \cdot \boldsymbol{j} + S_c \cdot \boldsymbol{j}) + \mathrm{j}\frac{\sqrt{3}}{2}(S_b \cdot \boldsymbol{j} - S_c \cdot \boldsymbol{j}) \right]
\end{aligned}
\tag{2.7}
$$

当 $(S_a S_b S_c) = (000)$～(111)时，按式(2.7)可得对应的空间矢量为 V_0(000)、V_1(100)、V_2(110)、V_3(010)、V_4(011)、V_5(001)、V_6(101)、V_7(111)，其幅值为 $2V_{\mathrm{dc}}/3$，如图 2.4 所示。

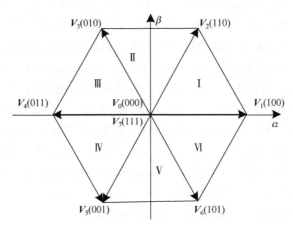

图 2.4　整流电路输入电压空间

3. 整流器的整流换流过程

整流电路输入电压空间矢量(略滞后于电压空间矢量)分为 6 个扇区(图 2.4)：

I 区 0°～60°，II 区 60°～120°，III 区 120°～180°，IV 区 180°～240°，V 区 240°～300°，VI 区 300°～360°。

为了分析方便，暂且不考虑死区的影响。设系统进入稳态运行时电流波形完全与电源电压波形同步，根据三相输入电流的流向，同样可以将一个周期内分为6 个工作区域：一区 $-30°～30°$，$i_a > 0$，$i_b < 0$，$i_c < 0$；二区 $30°～90°$，$i_a > 0$，$i_b > 0$，$i_c < 0$；三区 $90°～150°$，$i_a < 0$，$i_b > 0$，$i_c < 0$；四区 $150°～210°$，$i_a < 0$，$i_b > 0$，$i_c > 0$；五区 $210°～270°$，$i_a < 0$，$i_b < 0$，$i_c > 0$；六区 $270°～330°$，$i_a > 0$，$i_b < 0$，$i_c > 0$。工作区域与扇区对应如图 2.5 所示。

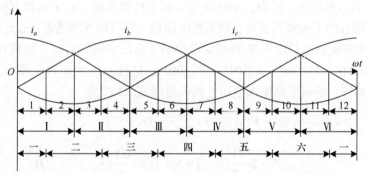

图 2.5　工作区间划分

根据图 2.5 的工作区间划分，分析整流器的换流过程如下。

1) 工作状态 1

此状态 0°～30°，电压空间矢量在 I 区，输入电流状态为 $i_a > 0$，$i_b < 0$，$i_c < 0$。

在运行进入稳态时，不考虑死区以及开关损耗等整流器的影响，可以得到在工作状态 1 的一个 PWM 周期内对应开关状态和电流流向分别如下：模式(a)，开关状态为(000)，整流电路输入端线电压 $v_{rab} = v_{rbc} = v_{rca} = 0$，交流电流通路如图 2.6(a)虚线所示，此状态三相电感 L 存储磁场能量；模式(b)，开关状态为(100)，整流电路输入端线电压 $v_{rab} = V_{dc}$，$v_{rbc} = 0$，$v_{rca} = -V_{dc}$，交流电流通路如图 2.6(b)虚线所示，三相电感 L 向电容 C 和负载释放能量；模式(c)，开关状态为(110)，整流电路输入端线电压 $v_{rab} = 0$，$v_{rbc} = V_{dc}$，$v_{rca} = -V_{dc}$，交流电流通路如图 2.6(c)虚线所示，b 相电感 L 存储磁场能量，a、c 相电感 L 向电容 C 和负载释放能量；模式(d)，开关状态为(111)，整流电路输入端线电压 $v_{rab} = v_{rbc} = v_{rca} = 0$，交流电流通路如图 2.6(d)虚线所示，三相电感 L 存储磁场能量。

2) 工作状态 2

此状态 30°～60°，电压空间矢量在 I 区，输入电流状态为 $i_a > 0$，$i_b > 0$，$i_c < 0$。在工作状态 2 的一个 PWM 周期内对应开关状态和电流流向分别如下：模式(a)，开关状态为(000)，整流电路输入端线电压 $v_{rab} = v_{rbc} = v_{rca} = 0$，交流电流通路如

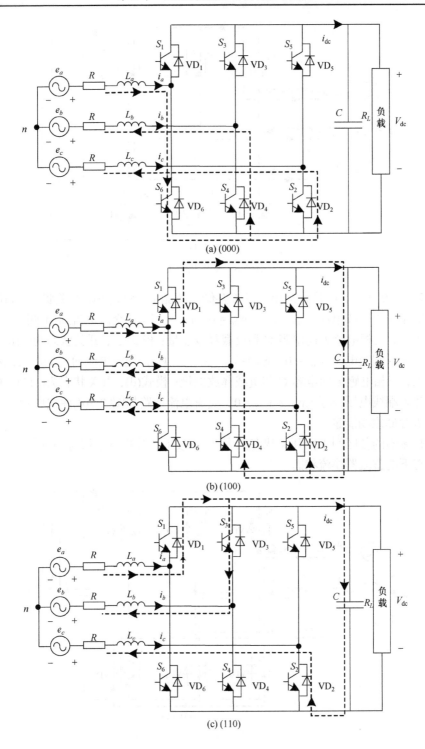

(a) (000)

(b) (100)

(c) (110)

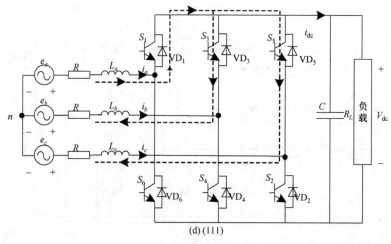

(d)(111)

图 2.6　工作状态 1

图 2.7(a)虚线所示，此状态三相电感 L 存储磁场能量；模式(b)，开关状态为(100)，整流电路输入端线电压 $v_{rab} = V_{dc}$，$v_{rbc} = 0$，$v_{rca} = -V_{dc}$，交流电流通路如图 2.7(b)虚线所示，三相电感 L 向电容 C 和负载释放能量；模式(c)，开关状态为(110)，整流电路输入端线电压 $v_{rab} = 0$，$v_{rbc} = V_{dc}$，$v_{rca} = -V_{dc}$，交流电流通路如图 2.7(c)虚线所示，三相电感 L 向电容 C 和负载释放能量；模式(d)，开关状态为(111)，整流电路输入端线电压 $v_{rab} = v_{rbc} = v_{rca} = 0$，交流电流通路如图 2.7(d)虚线所示，三相电感 L 存储磁场能量。

　　整流器的各区间工作开关状态见表 2.1，按上述分析方法可得到其他 10 种工作状态下的整流器换流状态。

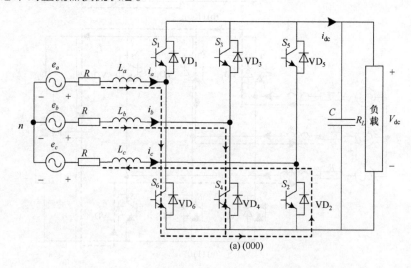

(a)(000)

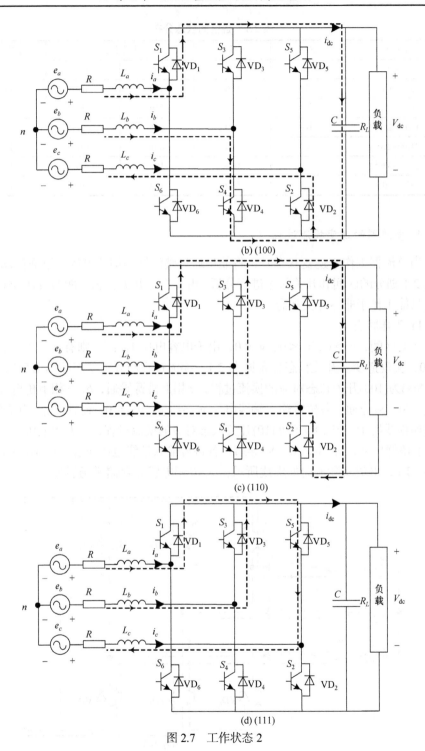

图 2.7　工作状态 2

表2.1　各区间状态分布

电角度	区间	零状态	非零状态		零状态
0°~30°	I	000	100	110	111
30°~90°	II	000	110	010	111
90°~150°	III	000	010	011	111
150°~210°	IV	000	011	001	111
210°~270°	V	000	001	101	111
270°~330°	VI	000	101	100	111
330°~0°	I	000	100	110	111

4. 整流器的逆变换流过程

当整流器工作于逆变状态时，将能量通过整流器回馈给电源。下面按图 2.4 和表 2.1 划分的区间和开关状态进行分析。由于在零开关状态不能形成逆变通道，逆变只能工作于非零开关状态。

1) 工作状态 1

在此区间，$v_a > 0$、$v_b < 0$、$v_c < 0$，由于电容电压 V_{dc} 高，则有 $v_a > 0$、$v_b < 0$、$v_c < 0$，实现逆变。开关状态分布见表 2.1，换流过程与开关状态如图 2.8 所示。图 2.8(a)为(100)开关状态对应的换流过程，a 相上桥臂导通，b、c 相下桥臂导通，即 S_1、S_4、S_2 导通，各桥臂输入端线电压 $v_{rab} = V_{dc}$、$v_{rbc} = 0$、$v_{rca} = V_{dc}$，电流实际流向如虚线所示。图 2.8(b)为(110)开关状态对应的换流过程，a、b 相上桥臂导通，c 相下桥臂导通，即 S_1、S_3、S_2 导通，各桥臂输入端线电压 $v_{rab} = 0$、$v_{rbc} = V_{dc}$、$v_{rca} = -V_{dc}$，电流实际流向如虚线所示；a、b 相电感 L 存储磁场能量。

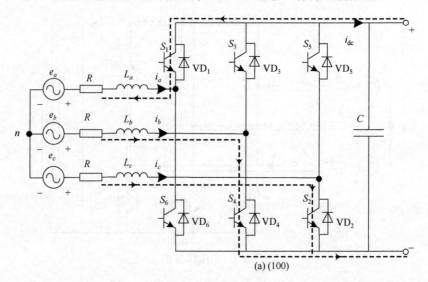

(a) (100)

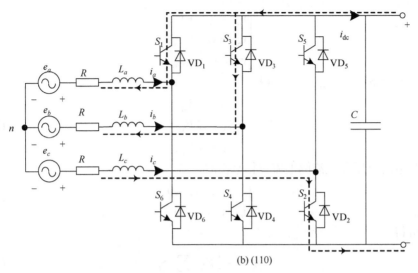

(b) (110)

图 2.8　整流器在一区间逆变换流过程

2) 其他工作状态

整流器工作于其他区间的换流过程分析方法与一区间类似，此处不再赘述。

值得注意的是，在非零状态时，对应电压最高的相，上桥臂导通，同时，同一桥臂和整流状态时导通管子不同。

2.2　两电平 PWM 整流器的数学模型

本节以三相三线两电平电压型 PWM 整流器主电路拓扑结构(图 2.1)为例建立两电平整流器基本数学模型。

2.2.1　整流器在三相静止 *abc* 坐标系下的数学模型

在三相静止 *abc* 坐标系下，根据基尔霍夫电压定律，两电平整流器的电压方程可列为

$$\begin{cases} L_a \dfrac{\mathrm{d}i_a}{\mathrm{d}t} = e_a - Ri_a - v_{an} \\[2mm] L_b \dfrac{\mathrm{d}i_b}{\mathrm{d}t} = e_b - Ri_b - v_{bn} \\[2mm] L_c \dfrac{\mathrm{d}i_c}{\mathrm{d}t} = e_c - Ri_c - v_{cn} \end{cases} \tag{2.8}$$

式中，e_a、e_b、e_c 为电网电压；L_a、L_b、L_c 为交流侧电感；R 为交流侧等效电阻；v_{an}、v_{bn}、v_{cn} 为交流输入端 a、b、c 到交流侧中点 n 的电压，且存在

$$\begin{cases} v_{an} = v_{aN} + v_{Nn} \\ v_{bn} = v_{bN} + v_{Nn} \\ v_{cn} = v_{cN} + v_{Nn} \end{cases} \tag{2.9}$$

式中，N 为下桥臂节点。又可得

$$\begin{cases} v_{aN} = S_a V_{dc} \\ v_{bN} = S_b V_{dc} \\ v_{cN} = S_c V_{dc} \end{cases} \tag{2.10}$$

当电网电压和交流侧电流三相平衡时，有

$$\begin{cases} e_a + e_b + e_c = 0 \\ i_a + i_b + i_c = 0 \end{cases} \tag{2.11}$$

于是可得

$$v_{Nn} = -\frac{1}{3} V_{dc} \sum_{i=a,b,c} S_i \tag{2.12}$$

则有

$$\begin{cases} v_{an} = V_{dc} \left(S_a - \dfrac{1}{3} \sum_{i=a,b,c} S_i \right) \\[3mm] v_{bn} = V_{dc} \left(S_b - \dfrac{1}{3} \sum_{i=a,b,c} S_i \right) \\[3mm] v_{cn} = V_{dc} \left(S_c - \dfrac{1}{3} \sum_{i=a,b,c} S_i \right) \end{cases} \tag{2.13}$$

另外，在直流侧应用基尔霍夫电流定律，可得

$$C \frac{dV_{dc}}{dt} = i_{dc} - i_L \tag{2.14}$$

式中，$i_{dc} = S_a i_a + S_b i_b + S_c i_c$，对于电阻负载，$i_{dc} = V_{dc} / R_L$。

综合式(2.8)和式(2.14)，三相三线两电平 PWM 整流器在三相静止 abc 坐标系下以交流电流和直流电压为变量的数学模型为

$$\begin{cases} L \dfrac{di_a}{dt} = e_a - R i_a - \left(S_a - \dfrac{1}{3} \sum_{i=a,b,c} S_i \right) V_{dc} \\[3mm] L \dfrac{di_b}{dt} = e_b - R i_b - \left(S_b - \dfrac{1}{3} \sum_{i=a,b,c} S_i \right) V_{dc} \\[3mm] L \dfrac{di_c}{dt} = e_c - R i_c - \left(S_c - \dfrac{1}{3} \sum_{i=a,b,c} S_i \right) V_{dc} \\[3mm] C \dfrac{dV_{dc}}{dt} = S_a i_a + S_b i_b + S_c i_c - i_L \end{cases} \tag{2.15}$$

2.2.2 整流器在两相静止 $\alpha\beta$ 坐标系下的数学模型

为建立三相三线两电平 PWM 整流器在两相静止 $\alpha\beta$ 坐标系中的数学模型，首先将整流器在三相静止 abc 坐标系中的变量变换到两相静止 $\alpha\beta$ 坐标系中。变量变换有两种方法，一种是等量变换，另一种是等功率变换或正交变换。等量变换是指一坐标系中的矢量与变换后的另一坐标系中的矢量相等的变换，等功率变换是指坐标变换前后功率相等的坐标变换。整流器控制策略研究一般采用等量变换，对于功率控制策略，则采用等功率变换。

等量变换矩阵为

$$T_{abc\text{-}\alpha\beta} = \frac{2}{3}\begin{bmatrix} 1 & -1/2 & -1/2 \\ 0 & \sqrt{3}/2 & -\sqrt{3}/2 \end{bmatrix} \tag{2.16}$$

等功率变换矩阵为

$$M_{abc\text{-}\alpha\beta} = \sqrt{\frac{2}{3}}\begin{bmatrix} 1 & -1/2 & -1/2 \\ 0 & \sqrt{3}/2 & -\sqrt{3}/2 \end{bmatrix} \tag{2.17}$$

采用等量变换矩阵和等功率变换矩阵所获得的三相三线两电平 PWM 整流器在两相静止 $\alpha\beta$ 坐标系中的数学模型是不同的，下面分别介绍。

1. 采用等量变换矩阵情况下的整流器数学模型

对于三相对称电源系统，三相静止 abc 坐标系下的整流器模型经等量变换矩阵变换后，得到的在两相静止 $\alpha\beta$ 坐标系下的数学模型为

$$\begin{cases} L\dfrac{di_\alpha}{dt} = e_\alpha - Ri_\alpha - S_\alpha V_{dc} \\[2mm] L\dfrac{di_\beta}{dt} = e_\beta - Ri_\beta - S_\beta V_{dc} \\[2mm] C\dfrac{dV_{dc}}{dt} = \dfrac{3}{2}(S_\alpha i_\alpha + S_\beta i_\beta) - i_L \end{cases} \tag{2.18}$$

式中，$e_\alpha = E_m\cos(\omega t)$，$e_\beta = E_m\sin(\omega t)$，$S_\alpha = (2S_a - S_b - S_c)/3$，$S_\beta = \sqrt{3}(S_b - S_c)/3$。

2. 采用等功率变换矩阵情况下的整流器数学模型

对于三相对称电源系统，三相静止 abc 坐标系下的整流器模型经等功率变换矩阵变换后，得到的在两相静止 $\alpha\beta$ 坐标系下的数学模型为

$$\begin{cases} L\dfrac{\mathrm{d}i_{\alpha}}{\mathrm{d}t} = e_{\alpha} - Ri_{\alpha} - S_{\alpha}V_{\mathrm{dc}} \\[2mm] L\dfrac{\mathrm{d}i_{\beta}}{\mathrm{d}t} = e_{\beta} - Ri_{\beta} - S_{\beta}V_{\mathrm{dc}} \\[2mm] C\dfrac{\mathrm{d}V_{\mathrm{dc}}}{\mathrm{d}t} = S_{\alpha}i_{\alpha} + S_{\beta}i_{\beta} - i_{L} \end{cases} \tag{2.19}$$

式中，$e_{\alpha} = \sqrt{3/2}\,E_m\cos(\omega t)$，$e_{\beta} = \sqrt{3/2}\,E_m\sin(\omega t)$，$S_{\alpha} = (2S_a - S_b - S_c)/\sqrt{6}$，$S_{\beta} = (S_b - S_c)/\sqrt{2}$。

2.2.3 整流器在两相旋转 dq 坐标系下的数学模型

要建立三相三线两电平 PWM 整流器在两相同步旋转坐标系中的数学模型，首先将整流器在三相静止 abc 坐标系下的系统变量变换到两相同步旋转 dq 坐标系下。变量变换可采用等量旋转变换矩阵，也可采用等功率旋转变换矩阵。下面分别介绍采用两种变换时整流器在两相同步旋转 dq 坐标系下的数学模型。

等量旋转变换矩阵为

$$\boldsymbol{T}_{abc\text{-}dq} = \frac{2}{3}\begin{bmatrix} \cos(\omega t) & \cos(\omega t - 2\pi/3) & \cos(\omega t + 2\pi/3) \\ -\sin(\omega t) & -\sin(\omega t - 2\pi/3) & -\sin(\omega t + 2\pi/3) \end{bmatrix} \tag{2.20}$$

等功率旋转变换矩阵为

$$\boldsymbol{M}_{abc\text{-}dq} = \sqrt{\frac{2}{3}}\begin{bmatrix} \cos(\omega t) & \cos(\omega t - 2\pi/3) & \cos(\omega t + 2\pi/3) \\ -\sin(\omega t) & -\sin(\omega t - 2\pi/3) & -\sin(\omega t + 2\pi/3) \end{bmatrix} \tag{2.21}$$

1. 采用等量旋转变换矩阵下的整流器数学模型

对于三相对阵电源系统，三相静止 abc 坐标系下的整流器模型经等量旋转变换矩阵变换后，得到的两相同步旋转 dq 坐标系下的数学模型为

$$\begin{cases} L\dfrac{\mathrm{d}i_d}{\mathrm{d}t} = e_d - Ri_d + \omega Li_q - S_dV_{\mathrm{dc}} \\[2mm] L\dfrac{\mathrm{d}i_q}{\mathrm{d}t} = e_q - Ri_q - \omega Li_d - S_qV_{\mathrm{dc}} \\[2mm] C\dfrac{\mathrm{d}V_{\mathrm{dc}}}{\mathrm{d}t} = \dfrac{3}{2}(S_di_d + S_qi_q) - i_L \end{cases} \tag{2.22}$$

2. 采用等功率旋转变换矩阵下的整流器数学模型

对于三相对阵电源系统，三相静止 abc 坐标系下的整流器模型经等功率旋转变换矩阵变换后，得到的两相同步旋转 dq 坐标系下的数学模型为

$$\begin{cases} L\dfrac{\mathrm{d}i_d}{\mathrm{d}t} = e_d - Ri_d + \omega Li_q - S_d V_{\mathrm{dc}} \\[2mm] L\dfrac{\mathrm{d}i_q}{\mathrm{d}t} = e_q - Ri_q - \omega Li_d - S_q V_{\mathrm{dc}} \\[2mm] C\dfrac{\mathrm{d}V_{\mathrm{dc}}}{\mathrm{d}t} = S_d i_d + S_q i_q - i_L \end{cases} \tag{2.23}$$

2.3　两电平 PWM 整流器的直接功率控制

两电平 PWM 整流器的直接功率控制是将电压矢量定位于 d 轴，通过实时检测计算整流器的瞬时有功功率和无功功率，与给定的有功功率和无功功率相比较，发出控制指令控制瞬时功率。

2.3.1　系统的组成及其作用

两电平 PWM 整流器的直接功率控制系统主要由主电路和控制电路组成，其电压空间矢量图如图 2.9 所示。控制电路为直流电压外环、功率内环结构；由交流电压、电流检测电路、功率滞环比较器、开关表及 PI 调节器组成。根据检测到的电流 i_a、i_b、i_c 及 e_a、e_b、e_c 进行计算，得到瞬时有功功率与无功功率的估算值 p、q 及三相电压 e_a、e_b、e_c 在两相静止坐标系中的 e_α、e_β，扇区划分器根据 e_α、e_β 划分扇区，得到扇区信号 θ_n。p、q 与期望 p_{ref} 和 q_{ref} 比较后的差值信号送入

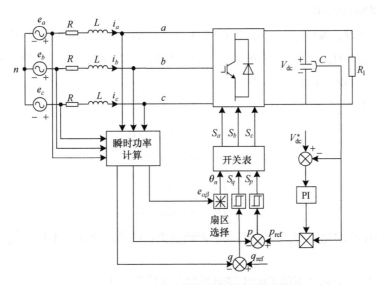

图 2.9　两电平整流器中的电压空间矢量图

功率滞环比较器得到 S_p、S_q 开关信号；p_{ref} 为直流电压外环 PI 调节器的输出与直流电压的乘积，q_{ref} 设定为 0，以实现单位功率因数。根据 S_p、S_q、θ_n 在开关表中选择所需的 S_a、S_b、S_c 可获得 6 个驱动信号驱动主电路开关管。

2.3.2 直接功率控制系统的原理

为避免复杂的 dq 变换，采用在两相静止坐标系中 PWM 整流器的数学模型。仅需将检测到的三相电压 e_a、e_b、e_c 及电流 i_a、i_b、i_c 经 $\alpha\beta$ 变换得到 e_α、e_β 和 i_α、i_β。瞬时有功功率和无功功率按式(2.43)计算。

为确定电源电压空间矢量位置的选择，由 e_α、e_β 确定 e 的幅角 $\theta = \arctan(e_\beta / e_\alpha)$；根据 θ 确定 e 的位置。为了优化整流器的性能，把电压空间分为 12 个扇区，θ_n 为

$$(n-2)\frac{\pi}{6} \leqslant \theta_n \leqslant (n-1)\frac{\pi}{6}, \quad n = 1,2,\cdots,12 \tag{2.24}$$

功率滞环比较器分为有功功率滞环比较器和无功功率滞环比较器，输入分别为有功功率的给定值与实际有功功率的差值 Δp 和无功功率的给定值与实际无功功率的差值 Δq，输出反映了实际功率偏离给定功率的状态 S_p 和 S_q，S_p 或 S_q 只有 0、1 两种状态。

当 $\Delta p > H_p$（$\Delta p = p_{ref} - p$，$2H_p$ 为有功功率滞环比较器滞环宽度)时，$S_p = 1$；当 $-H_p < \Delta p < H_p$ 时，$d\Delta p / dt < 0$，$S_p = 1$；当 $\Delta p < -H_p$ 时，$S_p = 0$；当 $-H_p < \Delta p < H_p$ 时，$d\Delta p / dt > 0$。

当 $\Delta q > H_q$（$\Delta q = q_{ref} - q$，$2H_q$ 为有功功率滞环比较器滞环宽度)时，$S_q = 1$；当 $-H_q < \Delta q < H_q$、$d\Delta q / dt < 0$ 时，$S_q = 1$；当 $\Delta q < -H_q$ 时，$S_q = 0$；当 $-H_q < \Delta q < H_q$ 时、$d\Delta q / dt > 0$ 时，$S_q = 0$。

综上可得

$$S_p = \begin{cases} 1, & p < p_{ref} - H_p \\ 0, & p > p_{ref} + H_p \end{cases} \tag{2.25}$$

$$S_q = \begin{cases} 1, & q < q_{ref} - H_q \\ 0, & q > q_{ref} + H_q \end{cases} \tag{2.26}$$

应当注意的是，H_p、H_q 的大小影响整流器的谐波电流、平均开关频率和功率跟踪能力。

两相静止坐标系下的 PWM 整流器的电流模型如下：

$$\begin{cases} L\dfrac{\mathrm{d}i_\alpha}{\mathrm{d}t}=e_\alpha-Ri_\alpha-V_\alpha \\[2mm] L\dfrac{\mathrm{d}i_\beta}{\mathrm{d}t}=e_\beta-Ri_\beta-V_\beta \end{cases} \tag{2.27}$$

式中，$V_\alpha=S_\alpha V_{\mathrm{dc}}$，$V_\beta=S_\beta V_{\mathrm{dc}}$，写成矢量形式为

$$L\frac{\mathrm{d}\boldsymbol{i}}{\mathrm{d}t}=\boldsymbol{e}-R\boldsymbol{i}-\boldsymbol{V}_r \tag{2.28}$$

开关表是根据式(2.28)、θ_n 及电压、电流矢量与功率的关系，确定各开关管的开关状态 S_a、S_b、S_c，S_a、S_b、S_c 取决于所需的 V_r，其值由 S_a、S_b、S_c 及 V_{dc} 决定，即 $(S_aS_bS_c)$ 取值为(000)～(111)对应于 $V_0 \sim V_7$，即 V_0(000)、V_1(100)、V_2(110)、V_3(010)、V_4(011)、V_5(001)、V_6(101)、V_7(111)，如图 2.10 所示。当 e 在 $\theta_1(-30° \leqslant \theta \leqslant 0°)$ 区域时，$\boldsymbol{i}_{\mathrm{ref}}$ 为与 p_{ref} 相对应的电流矢量，当 $\boldsymbol{i}$ 滞后并小于 $\boldsymbol{i}_{\mathrm{ref}}$ 时，$p<p_{\mathrm{ref}}$，$q<q_{\mathrm{ref}}$，即 $S_p=1$，$S_q=0$，则选择 V_{ref} 使 $\boldsymbol{i}$ 趋近于 $\boldsymbol{i}_{\mathrm{ref}}$，$p$ 趋近于 p_{ref}，q 趋近于 q_{ref}。

由于 R 值较小，在式(2.28)中可忽略 R 的影响，式(2.28)可化为

$$\boldsymbol{i}=\boldsymbol{i}(0)+\frac{1}{L}\int_0^t(\boldsymbol{e}-\boldsymbol{V}_r)\mathrm{d}t \tag{2.29}$$

在式(2.29)中，$\boldsymbol{i}(0)=\boldsymbol{i}$，当 V_r 选择 V_6 时，$\boldsymbol{i}$ 将沿着 $\boldsymbol{e}-\boldsymbol{V}_r$ 的方向趋近 $\boldsymbol{i}_{\mathrm{ref}}$，则确定 $(S_aS_bS_c)$ 取值为(101)。$\boldsymbol{i}$ 在其他位置可同样进行分析，由此得到一种传统的开关表，如表 2.2 所示。

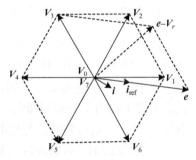

图 2.10 输入电压空间和 V_r 的关系

表 2.2 传统开关表

S_d	S_q	θ_1	θ_2	θ_3	θ_4	θ_5	θ_6	θ_7	θ_8	θ_9	θ_{10}	θ_{11}	θ_{12}
1	0	V_6	V_7	V_1	V_0	V_2	V_7	V_3	V_0	V_4	V_7	V_5	V_0
1	1	V_7	V_7	V_0	V_0	V_7	V_7	V_0	V_0	V_7	V_7	V_0	V_0
0	0	V_6	V_1	V_1	V_2	V_2	V_3	V_3	V_4	V_4	V_5	V_5	V_6
0	1	V_1	V_2	V_2	V_3	V_3	V_4	V_4	V_5	V_5	V_6	V_6	V_1

如图 2.9 所示，检测到的直流电压 V_{dc} 与直流侧电压期望值 V_{dc}^* 的差值通过 PI 调节器输出电流信号，该电流信号与检测到的直流电压的乘积即有功功率期望值 p_{ref}。为实现系统单位功率因数控制，无功功率期望值设为 $q_{\mathrm{ref}}=0$。同时，

检测到的三相电压 e_a、e_b、e_c 及电流 i_a、i_b、i_c 经 $\alpha\beta$ 变换得到 e_α、e_β 和 i_α、i_β，根据式(2.43)可计算得到瞬时有功功率 p 和无功功率 q，根据式(2.24)可以得到 θ_n。之后，分别与 p_{ref}、q_{ref} 进行比较，将差值送入滞环比较器，输出开关信号 S_p 和 S_q。得到 θ_n、S_p 和 S_q 后，即可通过查询开关表的方法，确定 S_a、S_b、S_c 的开关状态。

上述控制方法能够较好地控制有功功率，但无功功率会存在周期性波动，这是由于传统开关表使用了很多零矢量，零矢量能够增加有功功率，所以对有功功率调节较好，但是对无功功率的调节能力弱且方向不确定，故导致无功功率周期性波动。同时，较多地使用零矢量能够有效降低开关频率，这是传统开关表的一种优势。

2.3.3　改进的直接功率控制

1. 电源电压向量扇区判断方法改进

传统电源电压向量空间位置的确定，多根据检测到的三相电压信号经过 $\alpha\beta$ 变换，再利用反正切函数求出 $\theta_n = \arctan(e_\beta / e_\alpha)$，进而确定 e 的位置。该方法不仅需要坐标变换，还需要反正切函数运算，计算量较大，算法复杂。因此，文献[159]在此基础上提出了一种判断电源电压向量所在扇区的方法，只需要根据检测到的电压 e_a 和 e_b，通过判断其与相电压峰值 e_m 的关系，就可以得到 e 的空间位置。

根据式(2.24)，可将扇区划分为 12 个扇区，当 $e_a \geq 0$ 且 $e_b \leq 0$ 时，θ_n 所在扇区可能为(θ_{11}，θ_{12}，θ_1，θ_2)，未来便于判断，将扇区进一步划分为 2 个部分：$\theta_i \in [2k\pi, 2k\pi + 2\pi/6]$ 和 $\theta_i \in [2k\pi + 2\pi/6, 2k\pi + 4\pi/6]$ $(k=0,1,\cdots)$。当 $\theta_i \in [2k\pi, 2k\pi + 2\pi/6]$ 时，若 $e_a - e_b \leq 1.5U_m$，则 $\theta_i \in \theta_{11}$，否则 $\theta_i \in \theta_{12}$。当 $\theta_i \in [2k\pi + 2\pi/6, 2k\pi + 4\pi/6]$ 时，若 $e_a - e_b \leq 1.5U_m$，则 $\theta_i \in \theta_2$，否则 $\theta_i \in \theta_1$。以此类推，可总结出具体的扇区划分方法，如表 2.3 所示。

表 2.3　电源电压向量扇区划分改进方法

电压情况	电压 e_a、e_b 的划分情况		扇区
$e_a \geq 0, e_b \leq 0$	$e_a + e_b \leq 0$	$e_a - e_b \leq 1.5U_m$	θ_{11}
		$e_a - e_b > 1.5U_m$	θ_{12}
	$e_a + e_b > 0$	$e_a - e_b > 1.5U_m$	θ_1
		$e_a - e_b \leq 1.5U_m$	θ_2
$e_a \geq 0, e_b > 0$	$e_a - e_b \geq 0$		θ_3
	$e_a - e_b < 0$		θ_4

续表

电压情况	电压 e_a、e_b 的划分情况		扇区
$e_a < 0, e_b > 0$	$e_a + e_b > 0$	$e_b - e_a < 1.5U_m$	θ_5
		$e_b - e_a \geqslant 1.5U_m$	θ_6
	$e_a + e_b < 0$	$e_b - e_a \geqslant 1.5U_m$	θ_7
		$e_b - e_a < 1.5U_m$	θ_8
$e_a < 0, e_b \leqslant 0$	$e_a - e_b < 0$		θ_9
	$e_a - e_b \geqslant 0$		θ_{10}

2. 双开关表的设计

针对传统开关表容易造成无功功率误差不能被限制在滞环宽度内(周期性波动)的问题,文献[160]提出了一种改进型双开关表的选择方法,设置无功功率的偏差阈值为 H_q,对无功功率偏差进行判断,若无功功率偏差较小($|q| < H_q$),则采用传统开关表,这样可以减小系统开关损耗;若无功功率偏差较大($|q| \geqslant H_q$),则采用无功功率调节能力较强的开关表 II,使无功功率快速被限制在滞环宽度内,该改进策略既最大限度地保持了传统开关表开关损耗低的优点,同时也有效克服了传统开关表容易引发无功功率周期性波动的问题。其系统原理如图 2.11 所示。

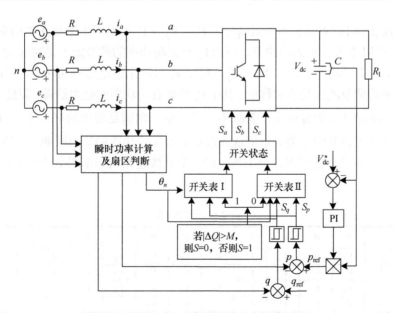

图 2.11　应用双开关表的直接功率控制系统

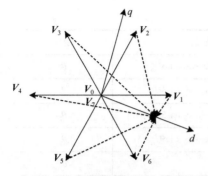

图 2.12 直接功率控制系统的
空间矢量位置

由于 R 值较小，在式(2.28)中可忽略 R 的影响，式(2.28)可化为

$$L\frac{\mathrm{d}i}{\mathrm{d}t} = e - V_r \qquad (2.30)$$

当电源电压位于扇区 θ_1 时，如采用开关矢量 V_6，则 $e - V_6$（即 $L\mathrm{d}i/\mathrm{d}t$）的方向如图 2.12 所示。

由式(2.23)和式(2.42)可知，此时的 $L\mathrm{d}i_d/\mathrm{d}t$ 为 d 轴正方向且值很小，即有功功率增加很缓慢，$L\mathrm{d}i_q/\mathrm{d}t$ 在 q 轴正方向且值偏大，即无功功率减小比较快。由于传统开关表中零矢量偏多，新设计的开关表中不再使用零矢量，可以得到在扇区 θ_1 中其他非零矢量对功率变化的影响强度，如表 2.4 所示。表中"+"代表增加的强度，"+"越多表示增加越快；"−"代表减小的强度，"−"越多表示减小越快。

表 2.4　扇区 θ_1 中不同开关矢量对功率变化的影响强度

功率	V_1	V_2	V_3	V_4	V_5	V_6
有功功率	−	++	+++	++++	+++	+
无功功率	+	+++	++	−	− − −	− −

由表 2.4 可以看出，在扇区 θ_1 中，V_1、V_2、V_3 可以用来增加无功功率，V_4、V_5、V_6 可以用来减小无功功率，所以 V_r 对无功功率的调节能力是对称的；V_1 可以用来减小有功功率，V_2、V_3、V_4、V_5、V_6 可以用来增加有功功率，所以 V_r 对有功功率的调节能力是不对称的，其中 V_4 增加有功功率的能力最强。假设 $S_p = 1$，$S_q = 0$，即需要增加有功功率并减小无功功率，则满足要求的 V_4、V_5、V_6，由于设计的开关表 II 中开关矢量的选择以有效的无功功率调节为原则，所以选择开关矢量 V_5。其他扇区情况以此类推，最后得到快速无功功率调节的开关表 II，如表 2.5 所示。

表 2.5　开关表 II

S_p	S_q	θ_1	θ_2	θ_3	θ_4	θ_5	θ_6	θ_7	θ_8	θ_9	θ_{10}	θ_{11}	θ_{12}
1	0	V_5	V_5	V_6	V_6	V_1	V_1	V_2	V_2	V_3	V_3	V_4	V_4
1	1	V_2	V_2	V_3	V_3	V_4	V_4	V_5	V_5	V_6	V_6	V_1	V_1
0	0	V_6	V_1	V_1	V_2	V_2	V_3	V_3	V_4	V_4	V_5	V_5	V_6
0	1	V_1	V_2	V_2	V_3	V_3	V_4	V_4	V_5	V_5	V_6	V_6	V_1

3. 三状态的开关表设计

文献[161]在分析直接功率控制系统各种改进方案的基础上，基于双开关表结构的思想，提出了一种新型三状态直接功率控制策略。该策略通过增加一个标示有功功率、无功功率状态的变量来细分开关表，进一步优化了对有功功率和无功功率的控制。其中，将 S_p 和 S_q 重新定义为三状态的变量：

$$S_p = \begin{cases} 1, & p < p_{\text{ref}} - H_p \\ 0, & p_{\text{ref}} - H_p < p < p_{\text{ref}} + H_p \\ -1, & p > p_{\text{ref}} + H_p \end{cases} \tag{2.31}$$

$$S_q = \begin{cases} 1, & q < q_{\text{ref}} - H_q \\ 0, & q_{\text{ref}} - H_q < q < q_{\text{ref}} + H_q \\ -1, & q > q_{\text{ref}} + H_q \end{cases} \tag{2.32}$$

2.3.4　瞬时功率的计算

瞬时功率理论是由日本学者 Akagi、Kanazawa 和 Nabae 于 1983 年提出的，在该理论中，整流器的输入瞬时有功功率、无功功率可以通过电网的瞬时相电压、相电流计算：

$$\begin{cases} p = e_a i_a + e_b i_b + e_c i_c \\ q = e_a' i_a + e_b' i_b + e_c' i_c \end{cases} \tag{2.33}$$

式中，e_a'、e_b'、e_c' 是滞后 e_a、e_a、e_c 90°的正交电压，当电网三相电压平衡时，有

$$\begin{cases} e_a' = \sqrt{3}/3(e_b - e_c) \\ e_b' = \sqrt{3}/3(e_c - e_a) \\ e_c' = \sqrt{3}/3(e_a - e_b) \end{cases} \tag{2.34}$$

经等量变换，瞬时功率在两相静止 $\alpha\beta$ 坐标系下可写为

$$\begin{cases} p = \dfrac{3}{2}(e_\alpha i_\alpha + e_\beta i_\beta) \\ q = \dfrac{3}{2}(e_\beta i_\alpha - e_\alpha i_\beta) \end{cases} \tag{2.35}$$

在两相同步旋转 dq 坐标系下，令电网电压矢量的方向与 d 轴方向重合，则 $e_q = 0$，则瞬时功率表示为

$$\begin{cases} p = \dfrac{3}{2}e_d i_d \\ q = -\dfrac{3}{2}e_d i_q \end{cases} \tag{2.36}$$

经等功率变换，瞬时功率在两相静止 $\alpha\beta$ 坐标系下可写为

$$\begin{cases} p = e_\alpha i_\alpha + e_\beta i_\beta \\ q = e_\beta i_\alpha - e_\alpha i_\beta \end{cases} \tag{2.37}$$

在两相同步旋转 dq 坐标系下，令电网电压矢量的方向与 d 轴方向重合，则 $e_q = 0$，则瞬时功率表示为

$$\begin{cases} p = e_d i_d \\ q = -e_d i_q \end{cases} \tag{2.38}$$

2.4　两电平 PWM 整流器 SVPWM 算法

两电平 PWM 整流器控制的关键就是确定整流电路中桥臂的导通状态和时间，其状态必须满足在同一时间只有三个半桥臂处于导通状态，另三个半桥臂处于关断状态；同一桥臂上下桥臂处于互补状态，避免上下桥臂直通。空间矢量算法就是根据整流电路交流侧所需的电压空间矢量 V_{ref} 确定桥臂的工作状态。

整流电路交流侧所需电压空间矢量 V_{ref} 为

$$V_{\text{ref}} = \frac{2}{3}(v_{\text{ref}a} \cdot \boldsymbol{j} + \alpha v_{\text{ref}b} \cdot \boldsymbol{j} + \alpha^2 v_{\text{ref}c} \cdot \boldsymbol{j}) = V_{\text{rm}} e^{j\omega t} \tag{2.39}$$

式(2.39)表明整流电路所需交流电压空间矢量 V_{ref} 是以半径 V_{rm}、按 ω 速度逆时针旋转的电压矢量。实际上，V_{ref} 是由桥臂开关状态及直流侧电压 V_{dc} 决定的，即由两个零空间矢量 V_0(000) 和 V_7(111) 和 6 个非零空间矢量 V_1(100)、V_2(110)、V_3(010)、V_4(011)、V_5(001)、V_6(101) 决定的。因此，用两个零空间矢量和 6 个非零空间矢量实时逼近 V_{ref}，使整流电路的输入端输入等效为三相正弦波 SVPWM 波形。当所要求的 V_{ref} 转到某一扇区时，就由该扇区相关的非零空间矢量和零空间矢量合成。因此，需要对扇区进行判断及确定桥臂导通规律。

2.4.1　电压空间矢量 V_{ref} 扇区的计算

三相三线两电平 PWM 整流器的空间电压矢量共有 8 个，除两个零矢量，其余 6 个对称均匀分布在复平面上。对于任一给定的空间矢量 V_{ref}，均可由 8 个空间电压矢量合成，如图 2.13 所示。

图 2.13 中，6 个模为 $2V_{\text{dc}}/3$ 的空间电压矢量将复平面均分为 6 个扇形区域 I～VI，对于任一扇形区域中的电压矢量 V_{ref}，均可由该扇形区两边的空间电压矢量来合成。如果 V_{ref} 在复平面上均匀旋转，就对应得到了三相对称的正弦量。实际上，由于开关频率和矢量组合的限制，V_{ref} 的合成矢量只能以某一步进速度

旋转，从而使矢量端点运动轨迹为一多边形
准圆轨迹。显然，PWM 开关频率越高，多边
形准圆轨迹就越接近圆。

如图 2.13 所示，若 V_{ref} 在扇区 I，则 V_{ref}
可由 V_1、V_2、V_0 和 V_7 合成，依据平行四边形
法则，有

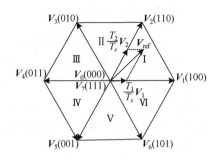

$$\frac{T_1}{T_s}V_1 + \frac{T_2}{T_s}V_2 = V_{ref} \tag{2.40}$$

图 2.13　两电平整流器中的空间电压
矢量图

式中，T_1、T_2 是 V_1、V_2 矢量在一个开关周期
中的持续时间；T_s 是 PWM 开关周期。零矢
量 V_0 和 V_7 的持续时间为 $T_{0,7}$，则

$$T_1 + T_2 + T_{0,7} = T_s \tag{2.41}$$

令 V_{ref} 与 V_1 间的夹角为 θ，由正弦定理可得

$$\frac{|V_{ref}|}{\sin\frac{2\pi}{3}} = \frac{\left|\frac{T_2}{T_s}V_2\right|}{\sin\theta} = \frac{\left|\frac{T_1}{T_s}V_1\right|}{\sin\left(\frac{\pi}{3}-\theta\right)} \tag{2.42}$$

又因为 $|V_1| = |V_2| = 2V_{dc}/3$，则联立式(2.41)和式(2.42)，可得

$$\begin{cases} T_1 = mT_s\sin\left(\frac{\pi}{3}-\theta\right) \\ T_2 = mT_s\sin\theta \\ T_{0,7} = T_s - T_1 - T_2 \end{cases} \tag{2.43}$$

式中，m 是 SVPWM 调制系数，并且

$$m = \frac{\sqrt{3}}{V_{dc}}|V_{ref}| \tag{2.44}$$

对于零矢量的选择，主要考虑选择 V_0 或 V_7 应使开关状态变化尽可能少，以降
低开关损耗。在一个开关周期内，令零矢量插入时间为 $T_{0,7}$，若其中插入 V_0 的时
间为 $T_0 = kT_{0,7}$，则插入 T_7 的时间为 $T_7 = (1-k)T_{0,7}$，其中 $0 \leqslant k \leqslant 1$。

2.4.2　各相桥臂导通时间分配

对于三相 PWM 整流器中某一给定的电压空间矢量 V_{ref}，常用以下几种合成
方法。

1. $V_0 \to V_1 \to V_2 \to V_0$

以扇区 I 为例，该方法将零矢量 V_0 均匀地分布在矢量 V_{ref} 的起、终点上，然后依次由 V_1、V_2 按三角形方法合成，空间矢量的转换顺序为 $V_0 \to V_1 \to V_2 \to V_0$，导通时间分别为 $T_0/2$、T_1、T_2、$T_0/2$。一个开关周期内，整流器上桥臂的开关管共开关 4 次，由于开关函数波形不对称，PWM 谐波分量主要集中在开关频率 f_s 和 $2f_s$ 上，其中在频率 f_s 处的谐波幅值最大。各扇区的空间矢量的转换顺序如表 2.6 所示。

表 2.6　空间矢量的转换顺序表($V_0 \to V_1 \to V_2 \to V_0$)

扇区	空间矢量的转换顺序表			
I	V_0	V_1	V_2	V_0
II	V_0	V_2	V_3	V_0
III	V_0	V_3	V_4	V_0
IV	V_0	V_4	V_5	V_0
V	V_0	V_5	V_6	V_0
VI	V_0	V_6	V_1	V_0

2. $V_0 \to V_1 \to V_2 \to V_1 \to V_0$

该方法的矢量合成仍然将零矢量 V_0 均匀地分布在 V_{ref} 的起、终点上，与 2.4.1 节中不同的是，除零矢量，V_{ref} 依次由 V_1、V_2、V_1 合成，空间矢量的转换顺序为 $V_0 \to V_1 \to V_2 \to V_1 \to V_0$，导通时间分别为 $T_0/2$、$T_1/2$、T_2、$T_1/2$、$T_0/2$。在一个开关周期内，整流器的上桥臂开关管共开关 4 次，且波形对称，因而 PWM 谐波分量仍主要分布在开关频率的整数倍频率附近，谐波幅值较上一方法有所降低。各扇区的空间矢量的转换顺序如表 2.7 所示。

表 2.7　空间矢量的转换顺序表($V_0 \to V_1 \to V_2 \to V_1 \to V_0$)

扇区	空间矢量的转换顺序表				
I	V_0	V_1	V_2	V_1	V_0
II	V_0	V_2	V_3	V_2	V_0
III	V_0	V_3	V_4	V_3	V_0
IV	V_0	V_4	V_5	V_4	V_0
V	V_0	V_5	V_6	V_5	V_0
VI	V_0	V_6	V_1	V_6	V_0

3. $V_0 \rightarrow V_1 \rightarrow V_2 \rightarrow V_7 \rightarrow V_2 \rightarrow V_1 \rightarrow V_0$

在电压矢量的分配过程中，将零矢量周期分为三段，其中在 V_{ref} 矢量的起、终点上均匀地分布 V_0 矢量，而在 V_{ref} 中点处分布 V_7 矢量，且 $T_0 = T_7$。以扇区 I 为例，空间矢量的转换顺序为 $V_0 \rightarrow V_1 \rightarrow V_2 \rightarrow V_7 \rightarrow V_2 \rightarrow V_1 \rightarrow V_0$，导通时间分别为 $T_0/4$、$T_1/2$、$T_2/2$、$T_0/2$、$T_2/2$、$T_1/2$、$T_0/4$。在一个开关周期内，该方法使整流器上桥臂开关管开关 6 次，且波形对称，其 PWM 谐波仍主要分布在开关频率的整数倍频率附近，且频率 f_s 附近处的谐波幅值降低十分明显。各扇区的空间矢量的转换顺序如表 2.8 所示。

表 2.8　空间矢量的转换顺序表($V_0 \rightarrow V_1 \rightarrow V_2 \rightarrow V_7 \rightarrow V_2 \rightarrow V_1 \rightarrow V_0$)

扇区	空间矢量的转换顺序表						
I	V_0	V_1	V_2	V_7	V_2	V_1	V_0
II	V_0	V_2	V_3	V_7	V_3	V_2	V_0
III	V_0	V_3	V_4	V_7	V_4	V_3	V_0
IV	V_0	V_4	V_5	V_7	V_5	V_4	V_0
V	V_0	V_5	V_6	V_7	V_6	V_5	V_0
VI	V_0	V_6	V_1	V_7	V_1	V_6	V_0

上述不同方法各有其优缺点，方法 1 最为简单，但 PWM 谐波含量较多；方法 2 开关损耗较低，且相比方法 1 其在一定程度上降低了谐波含量；方法 3 谐波含量最低，但算法较为复杂，且开关损耗较高。

2.5　本 章 小 结

本章主要介绍了三相三线两电平 PWM 整流器的主要工作原理、建模方法和 SVPWM 实现方法，为后续章节内容论述奠定了基础。

第 3 章　基于新型开关表的直接电流控制策略

3.1 引　　言

目前，直接电流控制[159, 160]和直接功率控制[161, 162]是 Vienna 整流器中最常用的两种控制策略。二者均采用双闭环结构，其中外环以输出电压为控制量，内环以输入电流分量或瞬时功率为控制量(分别对应直接电流控制和直接功率控制)，在内环控制器中，直接电流控制是将三相交流电流的 dq 分量与电流参考值比较，该参考值是经功率参考值转化而来的；而直接功率控制是将瞬时功率与功率参考值直接比较，但同时瞬时功率需通过交流侧电流和电压计算得出，从本质讲，两种控制策略的内环都是要使瞬时无功功率为零,输入端仅向输出端输送有功功率，保证系统以单位功率因数运行。

直接电流控制和直接功率控制策略通常是通过滞环控制、查询开关表选择电压矢量完成的，因此开关表的设计将直接影响系统的控制性能[163]。目前，已有诸多学者对电压矢量的选择、切换等方面进行了卓有成效的研究[78, 164-166]，特别是文献[80]针对三电平 NPC 整流器电压矢量选择多的特点，提出了兼顾瞬时功率和中点电位的开关表，取得了不错的控制效果。

上述适用于常规两电平、三电平拓扑结构的开关表设计方法，为 Vienna 整流器的开关表设计提供了一定的借鉴，但无法直接应用，这是由于 Vienna 整流器是一种电流驱动型整流器，开关状态由电压极性和开关管导通状态共同决定，虽属于三电平拓扑，但每个电流扇区只有八种电压空间矢量选择，很难同时满足有功功率、无功功率和中点电位电压的控制需求，目前鲜有文章研究针对 Vienna 整流器的开关表设计。

针对上述问题，本章根据两相同步旋转坐标系下的 Vienna 整流器模型，定量分析在不同电流扇区、不同电压利用率下，各电压空间矢量对输入电流的 dq 分量和上下电容电压差的影响，提出一种优先考虑交流侧电流控制、兼顾中点电位控制的开关表设计方法，并通过 Simulink 仿真与未考虑中点电位控制的开关表进行对比，进一步验证设计的可行性与优越性。

3.2　三相 Vienna 整流器的数学模型

　　三相 Vienna 整流器是一种电流驱动型整流器, 其端电压是由开关管的通断和输入电流方向共同决定的。以桥臂 a 为例, 如图 3.1 所示, 当开关管导通时, 输入端 a 的电压被钳位于直流母线中点 o, 有 $v_{ao}=0$; 当开关管关断且 a 相电路 $i_a \geqslant 0$ 时, 输入端 a 的电压被钳位于直流正极, 有 $v_{ao}=V_{dc1}$; 当开关管关断且 a 相电路 $i_a<0$ 时, 输入端 a 的电压被钳位于直流负极, 有 $v_{ao}=-V_{dc2}$。

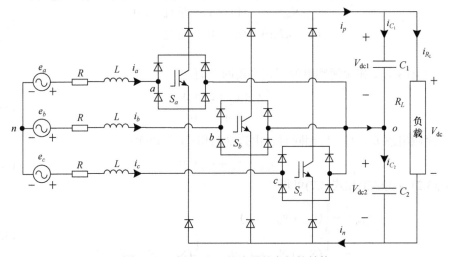

图 3.1　三相 Vienna 整流器的主拓扑结构

　　在三相静止 abc 坐标系下, 根据基尔霍夫电压定律, Vienna 整流器的电压方程可列为

$$\begin{cases} L_a \dfrac{\mathrm{d}i_a}{\mathrm{d}t}=e_a-Ri_a-v_{an} \\[2mm] L_b \dfrac{\mathrm{d}i_b}{\mathrm{d}t}=e_b-Ri_b-v_{bn} \\[2mm] L_c \dfrac{\mathrm{d}i_c}{\mathrm{d}t}=e_c-Ri_c-v_{cn} \end{cases} \tag{3.1}$$

式中, e_a、e_b、e_c 为电网电压; L_a、L_b、L_c 为交流侧电感; R 为交流侧等效电阻; v_{an}、v_{bn}、v_{cn} 为交流输入端 a、b、c 到交流侧中点 n 的电压, 且存在

$$\begin{cases} v_{an}=v_{ao}+v_{on} \\ v_{bn}=v_{bo}+v_{on} \\ v_{cn}=v_{co}+v_{on} \end{cases} \tag{3.2}$$

式中，o 为输出侧中点。又可得

$$\begin{cases} v_{ao} = S_{ap}V_{\mathrm{dc1}} - S_{an}V_{\mathrm{dc2}} \\ v_{bo} = S_{bp}V_{\mathrm{dc1}} - S_{bn}V_{\mathrm{dc2}} \\ v_{co} = S_{cp}V_{\mathrm{dc1}} - S_{cn}V_{\mathrm{dc2}} \end{cases} \tag{3.3}$$

其中

$$\begin{matrix} S_{xp} \\ (x=a,b,c) \end{matrix} = \begin{cases} 1, & S_x \text{关断且} i_x \geqslant 0 \\ 0, & \text{其他情况} \end{cases} \tag{3.4}$$

$$\begin{matrix} S_{xn} \\ (x=a,b,c) \end{matrix} = \begin{cases} 1, & S_x \text{关断且} i_x < 0 \\ 0, & \text{其他情况} \end{cases} \tag{3.5}$$

当电网电压和交流侧电流三相平衡时，有

$$\begin{cases} e_a + e_b + e_c = 0 \\ i_a + i_b + i_c = 0 \end{cases} \tag{3.6}$$

当交流侧电感 L_a、L_b、L_c 相同时，由式(3.1)和式(3.6)可得

$$v_{an} + v_{bn} + v_{cn} = 0 \tag{3.7}$$

由式(3.2)、式(3.3)和式(3.7)可得

$$\begin{aligned} v_{on} &= -\frac{1}{3}(v_{ao} + v_{bo} + v_{co}) \\ &= -\frac{1}{3}(S_{ap} + S_{bp} + S_{cp})V_{\mathrm{dc1}} + \frac{1}{3}(S_{an} + S_{bn} + S_{cn})V_{\mathrm{dc2}} \end{aligned} \tag{3.8}$$

$$\begin{cases} v_{an} = \dfrac{2S_{ap} - S_{bp} - S_{cp}}{3}V_{\mathrm{dc1}} + \dfrac{-2S_{an} + S_{bn} + S_{cn}}{3}V_{\mathrm{dc2}} \\ v_{bn} = \dfrac{-S_{ap} + 2S_{bp} - S_{cp}}{3}V_{\mathrm{dc1}} + \dfrac{S_{an} - 2S_{bn} + S_{cn}}{3}V_{\mathrm{dc2}} \\ v_{cn} = \dfrac{-S_{ap} - S_{bp} + 2S_{cp}}{3}V_{\mathrm{dc1}} + \dfrac{S_{an} + S_{bn} - 2S_{cn}}{3}V_{\mathrm{dc2}} \end{cases} \tag{3.9}$$

根据基尔霍夫电流定律可得

$$\begin{cases} i_p = i_{C_1} + i_{R_L}, \quad i_n = i_{C_2} + i_{R_L} \\ i_{C_1} = C_1 \dfrac{\mathrm{d}V_{\mathrm{dc1}}}{\mathrm{d}t}, \quad i_{C_2} = C_2 \dfrac{\mathrm{d}V_{\mathrm{dc2}}}{\mathrm{d}t} \\ i_p = S_{ap}i_a + S_{bp}i_b + S_{cp}i_c, \quad i_n = -S_{an}i_a - S_{bn}i_b - S_{cn}i_c \\ i_{R_L} = \dfrac{V_{\mathrm{dc1}} + V_{\mathrm{dc2}}}{R_L} \end{cases} \tag{3.10}$$

联立式(3.10)中各公式得

$$
\begin{cases}
C_1 \dfrac{\mathrm{d}V_{dc1}}{\mathrm{d}t} = S_{ap}i_a + S_{bp}i_b + S_{cp}i_c - \dfrac{V_{dc1}+V_{dc2}}{R_L} \\[3mm]
C_2 \dfrac{\mathrm{d}V_{dc2}}{\mathrm{d}t} = -S_{an}i_a - S_{bn}i_b - S_{cn}i_c - \dfrac{V_{dc1}+V_{dc2}}{R_L}
\end{cases}
\tag{3.11}
$$

联立式(3.9)和式(3.11)可得电网三相平衡时 Vienna 整流器的数学模型为

$$
\begin{cases}
L \dfrac{\mathrm{d}i_a}{\mathrm{d}t} = e_a - Ri_a + \dfrac{-2S_{ap}+S_{bp}+S_{cp}}{3}V_{dc1} + \dfrac{2S_{an}-S_{bn}-S_{cn}}{3}V_{dc2} \\[3mm]
L \dfrac{\mathrm{d}i_b}{\mathrm{d}t} = e_b - Ri_b + \dfrac{S_{ap}-2S_{bp}+S_{cp}}{3}V_{dc1} + \dfrac{-S_{an}+2S_{bn}-S_{cn}}{3}V_{dc2} \\[3mm]
L \dfrac{\mathrm{d}i_c}{\mathrm{d}t} = e_c - Ri_c + \dfrac{S_{ap}+S_{bp}-2S_{cp}}{3}V_{dc1} + \dfrac{-S_{an}-S_{bn}+2S_{cn}}{3}V_{dc2} \\[3mm]
C_1 \dfrac{\mathrm{d}V_{dc1}}{\mathrm{d}t} = S_{ap}i_a + S_{bp}i_b + S_{cp}i_c - \dfrac{V_{dc1}+V_{dc2}}{R_L} \\[3mm]
C_2 \dfrac{\mathrm{d}V_{dc2}}{\mathrm{d}t} = -S_{an}i_a - S_{bn}i_b - S_{cn}i_c - \dfrac{V_{dc1}+V_{dc2}}{R_L}
\end{cases}
\tag{3.12}
$$

为建立三相 Vienna 整流器在两相静止 $\alpha\beta$ 坐标系下的数学模型，首先将整流器在三相静止 abc 坐标系下的变量变换到两相静止 $\alpha\beta$ 坐标系下。

三相静止 abc 坐标系到两相静止 $\alpha\beta$ 坐标系的等量变换矩阵为

$$
\boldsymbol{T}_{abc\text{-}\alpha\beta} = \frac{2}{3}\begin{bmatrix} 1 & -1/2 & -1/2 \\ 0 & \sqrt{3}/2 & -\sqrt{3}/2 \end{bmatrix}
\tag{3.13}
$$

将式(3.12)中的变量 $(e_a,e_b,e_c)^{\mathrm{T}}$、$(i_a,i_b,i_c)^{\mathrm{T}}$、$(S_{ap},S_{bp},S_{cp})^{\mathrm{T}}$、$(S_{an},S_{bn},S_{cn})^{\mathrm{T}}$ 进行上述等量变换，可得到两相静止 $\alpha\beta$ 坐标系下的数学模型为

$$
\begin{cases}
L \dfrac{\mathrm{d}i_\alpha}{\mathrm{d}t} = e_\alpha - Ri_\alpha - S_{\alpha p}V_{dc1} + S_{\alpha n}V_{dc2} \\[3mm]
L \dfrac{\mathrm{d}i_\beta}{\mathrm{d}t} = e_\beta - Ri_\beta - S_{\beta p}V_{dc1} + S_{\beta n}V_{dc2} \\[3mm]
C_1 \dfrac{\mathrm{d}V_{dc1}}{\mathrm{d}t} = \dfrac{3}{2}S_{\alpha p}i_\alpha + \dfrac{3}{2}S_{\beta p}i_\beta - \dfrac{V_{dc1}+V_{dc2}}{R_L} \\[3mm]
C_2 \dfrac{\mathrm{d}V_{dc2}}{\mathrm{d}t} = -\dfrac{3}{2}S_{\alpha n}i_\alpha - \dfrac{3}{2}S_{\beta n}i_\beta - \dfrac{V_{dc1}+V_{dc2}}{R_L}
\end{cases}
\tag{3.14}
$$

三相静止 abc 坐标系到两相同步旋转 dq 坐标系的等量变换矩阵为

$$T_{abc\text{-}dq} = \frac{2}{3}\begin{bmatrix} \cos(\omega t) & \cos(\omega t - 2\pi/3) & \cos(\omega t + 2\pi/3) \\ -\sin(\omega t) & -\sin(\omega t - 2\pi/3) & -\sin(\omega t + 2\pi/3) \end{bmatrix} \tag{3.15}$$

将式(3.12)中的变量 $(e_a, e_b, e_c)^T$、$(i_a, i_b, i_c)^T$、$(S_{ap}, S_{bp}, S_{cp})^T$、$(S_{an}, S_{bn}, S_{cn})^T$ 进行上述等量变换，可得两相同步旋转 dq 坐标系下的数学模型为

$$\begin{cases} L\dfrac{\mathrm{d}i_d}{\mathrm{d}t} = e_d - Ri_d + \omega Li_q - S_{dp}V_{\mathrm{dc1}} + S_{dn}V_{\mathrm{dc2}} \\[2mm] L\dfrac{\mathrm{d}i_q}{\mathrm{d}t} = e_q - Ri_q - \omega Li_d - S_{qp}V_{\mathrm{dc1}} + S_{qn}V_{\mathrm{dc2}} \\[2mm] C_1\dfrac{\mathrm{d}V_{\mathrm{dc1}}}{\mathrm{d}t} = \dfrac{3}{2}S_{dp}i_d + \dfrac{3}{2}S_{qp}i_q - \dfrac{V_{\mathrm{dc1}} + V_{\mathrm{dc2}}}{R_L} \\[2mm] C_2\dfrac{\mathrm{d}V_{\mathrm{dc2}}}{\mathrm{d}t} = -\dfrac{3}{2}S_{dn}i_d - \dfrac{3}{2}S_{qn}i_q - \dfrac{V_{\mathrm{dc1}} + V_{\mathrm{dc2}}}{R_L} \end{cases} \tag{3.16}$$

3.3　基于开关表的直接电流控制器结构

图 3.2 为基于开关表的直接电流控制框图，其中内环控制器中的开关表设计是该控制系统的核心内容。

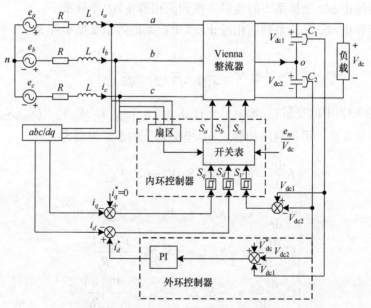

图 3.2　基于开关表的直接电流控制框图

设计中采用了两电平滞环比较器，其输入输出关系如下所示：

$$S_d = \begin{cases} 1, & i_d^* - i_d > H_d \\ 0, & i_d^* - i_d < -H_d \end{cases} \tag{3.17}$$

$$S_q = \begin{cases} 1, & i_q^* - i_q > H_q \\ 0, & i_q^* - i_q < -H_q \end{cases} \tag{3.18}$$

$$S_V = \begin{cases} 1, & \Delta V_{dc} = V_{dc1} - V_{dc2} > H_V \\ 0, & \Delta V_{dc} = V_{dc1} - V_{dc2} < -H_V \end{cases} \tag{3.19}$$

式中，H_d、H_q、H_V 分别为三个滞环的阈值，当输出为 1 时，对应的 i_d、i_q、ΔV_{dc} 需要增加；当输出为 0 时，对应的 i_d、i_q、ΔV_{dc} 需要减小。接下来将重点分析各电压矢量对 i_d、i_q、ΔV_{dc} 的影响。

3.4　各电压矢量对电流分量和中点电位的影响

传统的三电平整流器由三个桥臂组成，每个桥臂开关函数 $S_i(i=a,b,c)$ 有 3 种状态 $(1, 0, -1)$，理论上共有 $3^3 = 27$ 个状态，由于实际拓扑的限制，不会出现 $(1, 1, 1)$ 和 $(-1, -1, -1)$ 的状态，所以共有 25 种开关状态，其电压空间矢量如图 3.3 所示，其中长矢量长度为 $2/3 V_{dc}$，中矢量长度为 $\sqrt{3}/3 V_{dc}$，小矢量长度为 $1/3 V_{dc}$，零矢量长度为 0。然而，对于三相 Vienna 整流器，其输入端的电位不仅与开关状态有关，也与交流侧电流的极性有关。依据电流矢量位置，复平面被分为 12 个扇区，在每个电流扇区内，只有 4 个小矢量、2 个中矢量、1 个大矢量和 1 个零矢量，这 8 个电压矢量共同构成了一个小的正六边形。

各扇区的范围由式(3.20)确定：

$$(n-2)\frac{\pi}{6} < \theta_n \leqslant (n-1)\frac{\pi}{6}, \quad n = 1, 2, \cdots, 12 \tag{3.20}$$

每个电流扇区内的电压矢量如下，各空间矢量对应的开关值如表 3.1 所示。

θ_1、θ_2 扇区：V_1，V_2，V_{12}，V_{13}，V_{14}，V_{16}，V_{24}，V_{25}。

θ_3、θ_4 扇区：V_2，V_3，V_4，V_{14}，V_{15}，V_{16}，V_{18}，V_{25}。

θ_5、θ_6 扇区：V_4，V_5，V_6，V_{16}，V_{17}，V_{18}，V_{20}，V_{25}。

θ_7、θ_8 扇区：V_6，V_7，V_8，V_{18}，V_{19}，V_{20}，V_{22}，V_{25}。

θ_9、θ_{10} 扇区：V_8，V_9，V_{10}，V_{20}，V_{21}，V_{22}，V_{24}，V_{25}。

θ_{11}、θ_{12} 扇区：V_{10}，V_{11}，V_{12}，V_{14}，V_{22}，V_{23}，V_{24}，V_{25}。

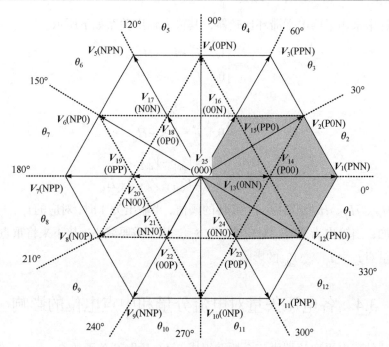

图 3.3 三相 Vienna 整流器的电压空间矢量图

N 表示低电平；P 表示高电平

表 3.1 各空间矢量对应的开关值

矢量	S_{ap}	S_{bp}	S_{cp}	S_{an}	S_{bn}	S_{cn}	矢量	S_{ap}	S_{bp}	S_{cp}	S_{an}	S_{bn}	S_{cn}
V_1	1	0	0	0	1	1	V_{13}	0	0	0	0	1	1
V_2	1	0	0	0	0	1	V_{14}	1	0	0	0	0	0
V_3	1	1	0	0	0	1	V_{15}	1	1	0	0	0	0
V_4	0	1	0	0	0	1	V_{16}	0	0	0	0	0	1
V_5	0	1	0	1	0	1	V_{17}	0	0	0	1	0	1
V_6	0	1	0	1	0	0	V_{18}	0	1	0	0	0	0
V_7	0	1	1	1	0	0	V_{19}	0	0	1	1	0	0
V_8	0	0	1	1	0	0	V_{20}	0	0	0	1	0	0
V_9	0	0	1	1	1	0	V_{21}	0	0	0	1	1	0
V_{10}	0	0	1	0	1	0	V_{22}	0	0	1	0	0	0
V_{11}	1	0	0	0	1	0	V_{23}	1	0	1	0	0	0
V_{12}	1	0	0	0	1	0	V_{24}	0	0	0	0	1	0

3.4.1 各电压矢量对电流分量的影响

在式(3.16)中，有

$$\begin{bmatrix} S_{dp} \\ S_{qp} \end{bmatrix} = \frac{2}{3} \begin{bmatrix} \cos(\omega t) & \cos\left(\omega t - \frac{2}{3}\pi\right) & \cos\left(\omega t + \frac{2}{3}\pi\right) \\ -\sin(\omega t) & -\sin\left(\omega t - \frac{2}{3}\pi\right) & -\sin\left(\omega t + \frac{2}{3}\pi\right) \end{bmatrix} \begin{bmatrix} S_{ap} \\ S_{bp} \\ S_{cp} \end{bmatrix} \qquad (3.21)$$

$$\begin{bmatrix} S_{dn} \\ S_{qn} \end{bmatrix} = \frac{2}{3} \begin{bmatrix} \cos(\omega t) & \cos\left(\omega t - \frac{2}{3}\pi\right) & \cos\left(\omega t + \frac{2}{3}\pi\right) \\ -\sin(\omega t) & -\sin\left(\omega t - \frac{2}{3}\pi\right) & -\sin\left(\omega t + \frac{2}{3}\pi\right) \end{bmatrix} \begin{bmatrix} S_{an} \\ S_{bn} \\ S_{cn} \end{bmatrix} \qquad (3.22)$$

令 $V_d = S_{dp}V_{\mathrm{dc1}} - S_{dn}V_{\mathrm{dc2}}$，$V_q = S_{qp}V_{\mathrm{dc1}} - S_{qn}V_{\mathrm{dc2}}$，得

$$V_d = \frac{2}{3}V_{\mathrm{dc1}}\left[S_{ap}\cos(\omega t) + S_{bp}\cos\left(\omega t - \frac{2}{3}\pi\right) + S_{cp}\cos\left(\omega t + \frac{2}{3}\pi\right) \right]$$
$$- \frac{2}{3}V_{\mathrm{dc2}}\left[S_{an}\cos(\omega t) + S_{bn}\cos\left(\omega t - \frac{2}{3}\pi\right) + S_{cn}\cos\left(\omega t + \frac{2}{3}\pi\right) \right] \qquad (3.23)$$

$$V_q = \frac{2}{3}V_{\mathrm{dc1}}\left[-S_{ap}\sin(\omega t) - S_{bp}\sin\left(\omega t - \frac{2}{3}\pi\right) - S_{cp}\sin\left(\omega t + \frac{2}{3}\pi\right) \right]$$
$$+ \frac{2}{3}V_{\mathrm{dc2}}\left[S_{an}\sin(\omega t) + S_{bn}\sin\left(\omega t - \frac{2}{3}\pi\right) + S_{cn}\sin\left(\omega t + \frac{2}{3}\pi\right) \right] \qquad (3.24)$$

当中点电位平衡时，即 $V_{\mathrm{dc1}} = V_{\mathrm{dc2}}$，得

$$V_d = \frac{V_{\mathrm{dc}}}{3}\left[(S_{ap} - S_{an})\cos(\omega t) + (S_{bp} - S_{bn})\cos\left(\omega t - \frac{2}{3}\pi\right) + (S_{cp} - S_{cn})\cos\left(\omega t + \frac{2}{3}\pi\right) \right]$$
$$(3.25)$$

$$V_q = \frac{V_{\mathrm{dc}}}{3}\left[(S_{an} - S_{ap})\sin(\omega t) + (S_{bn} - S_{bp})\sin\left(\omega t - \frac{2}{3}\pi\right) + (S_{cn} - S_{cp})\sin\left(\omega t + \frac{2}{3}\pi\right) \right]$$
$$(3.26)$$

电压空间矢量和 V_d、V_q 的关系如表 3.2 所示。

表 3.2　电压空间矢量和 V_d、V_q 的关系

矢量	V_d	V_q
V_1	$\dfrac{2}{3}V_{\mathrm{dc}}\cos(\omega t)$	$-\dfrac{2}{3}V_{\mathrm{dc}}\sin(\omega t)$
V_2	$\dfrac{\sqrt{3}}{3}V_{\mathrm{dc}}\cos\left(\omega t - \dfrac{\pi}{6}\right)$	$-\dfrac{\sqrt{3}}{3}V_{\mathrm{dc}}\sin\left(\omega t - \dfrac{\pi}{6}\right)$
V_3	$\dfrac{2}{3}V_{\mathrm{dc}}\cos\left(\omega t - \dfrac{\pi}{3}\right)$	$-\dfrac{2}{3}V_{\mathrm{dc}}\sin\left(\omega t - \dfrac{\pi}{3}\right)$

续表

矢量	V_d	V_q
V_4	$\dfrac{\sqrt{3}}{3}V_{dc}\cos\left(\omega t-\dfrac{\pi}{2}\right)$	$-\dfrac{\sqrt{3}}{3}V_{dc}\sin\left(\omega t-\dfrac{\pi}{2}\right)$
V_5	$\dfrac{2}{3}V_{dc}\cos\left(\omega t-\dfrac{2\pi}{3}\right)$	$-\dfrac{2}{3}V_{dc}\sin\left(\omega t-\dfrac{2\pi}{3}\right)$
V_6	$\dfrac{\sqrt{3}}{3}V_{dc}\cos\left(\omega t-\dfrac{5\pi}{6}\right)$	$-\dfrac{\sqrt{3}}{3}V_{dc}\sin\left(\omega t-\dfrac{5\pi}{6}\right)$
V_7	$\dfrac{2}{3}V_{dc}\cos(\omega t-\pi)$	$-\dfrac{2}{3}V_{dc}\sin(\omega t-\pi)$
V_8	$\dfrac{\sqrt{3}}{3}V_{dc}\cos\left(\omega t-\dfrac{7\pi}{6}\right)$	$-\dfrac{\sqrt{3}}{3}V_{dc}\sin\left(\omega t-\dfrac{7\pi}{6}\right)$
V_9	$\dfrac{2}{3}V_{dc}\cos\left(\omega t-\dfrac{4\pi}{3}\right)$	$-\dfrac{2}{3}V_{dc}\sin\left(\omega t-\dfrac{4\pi}{3}\right)$
V_{10}	$\dfrac{\sqrt{3}}{3}V_{dc}\cos\left(\omega t-\dfrac{3\pi}{2}\right)$	$-\dfrac{\sqrt{3}}{3}V_{dc}\sin\left(\omega t-\dfrac{3\pi}{2}\right)$
V_{11}	$\dfrac{2}{3}V_{dc}\cos\left(\omega t-\dfrac{5\pi}{3}\right)$	$-\dfrac{2}{3}V_{dc}\sin\left(\omega t-\dfrac{5\pi}{3}\right)$
V_{12}	$\dfrac{\sqrt{3}}{3}V_{dc}\cos\left(\omega t-\dfrac{11\pi}{6}\right)$	$-\dfrac{\sqrt{3}}{3}V_{dc}\sin\left(\omega t-\dfrac{11\pi}{6}\right)$
V_{13}	$\dfrac{1}{3}V_{dc}\cos(\omega t)$	$-\dfrac{1}{3}V_{dc}\sin(\omega t)$
V_{14}	$\dfrac{1}{3}V_{dc}\cos(\omega t)$	$-\dfrac{1}{3}V_{dc}\sin(\omega t)$
V_{15}	$\dfrac{1}{3}V_{dc}\cos\left(\omega t-\dfrac{\pi}{3}\right)$	$-\dfrac{1}{3}V_{dc}\sin\left(\omega t-\dfrac{\pi}{3}\right)$
V_{16}	$\dfrac{1}{3}V_{dc}\cos\left(\omega t-\dfrac{\pi}{3}\right)$	$-\dfrac{1}{3}V_{dc}\sin\left(\omega t-\dfrac{\pi}{3}\right)$
V_{17}	$\dfrac{1}{3}V_{dc}\cos\left(\omega t-\dfrac{2\pi}{3}\right)$	$-\dfrac{1}{3}V_{dc}\sin\left(\omega t-\dfrac{2\pi}{3}\right)$
V_{18}	$\dfrac{1}{3}V_{dc}\cos\left(\omega t-\dfrac{2\pi}{3}\right)$	$-\dfrac{1}{3}V_{dc}\sin\left(\omega t-\dfrac{2\pi}{3}\right)$
V_{19}	$\dfrac{1}{3}V_{dc}\cos(\omega t-\pi)$	$-\dfrac{1}{3}V_{dc}\sin(\omega t-\pi)$
V_{20}	$\dfrac{1}{3}V_{dc}\cos(\omega t-\pi)$	$-\dfrac{1}{3}V_{dc}\sin(\omega t-\pi)$

续表

矢量	V_d	V_q
V_{21}	$\dfrac{1}{3}V_{dc}\cos\left(\omega t-\dfrac{4\pi}{3}\right)$	$-\dfrac{1}{3}V_{dc}\sin\left(\omega t-\dfrac{4\pi}{3}\right)$
V_{22}	$\dfrac{1}{3}V_{dc}\cos\left(\omega t-\dfrac{4\pi}{3}\right)$	$-\dfrac{1}{3}V_{dc}\sin\left(\omega t-\dfrac{4\pi}{3}\right)$
V_{23}	$\dfrac{1}{3}V_{dc}\cos\left(\omega t-\dfrac{5\pi}{3}\right)$	$-\dfrac{1}{3}V_{dc}\sin\left(\omega t-\dfrac{5\pi}{3}\right)$
V_{24}	$\dfrac{1}{3}V_{dc}\cos\left(\omega t-\dfrac{5\pi}{3}\right)$	$-\dfrac{1}{3}V_{dc}\sin\left(\omega t-\dfrac{5\pi}{3}\right)$

由表 3.2 可知，某一电压矢量对应的 V_d 和 V_q 可以写成 $V_d=k_iV_{dc}\cos(\omega t+\varphi_i)$ 和 $V_q=-k_iV_{dc}\sin(\omega t+\varphi_i)$ 的形式，其中 i 对应的是电压矢量的序号，如图 3.3 所示。当三相电网电压平衡时，存在 $e_a=e_m\cos(\omega t)$，$e_b=e_m\cos(\omega t-2\pi/3)$，$e_c=e_m\cos(\omega t+2\pi/3)$，则通过计算得到 $e_d=e_m$，$e_q=0$，e_m 为电网相电压的峰值。鉴于 R 值较小，忽略 Ri_d、Ri_q 对 di_d/dt、di_q/dt 的影响；此外，当整流器以单位功率因数运行时，$Q\approx0$，交流侧有功功率与直流侧输出功率之间保持平衡，存在 $i_q=0$，$3i_de_d/2=V_{dc}^2/R_L$，计算得到 $2\omega LV_{dc}^2/(3e_mR)$ 相比 V_q 的振幅 k_iV_{dc} 较小，可忽略不计，式(3.16)可简化为

$$\begin{cases}\dfrac{di_d}{dt}=\dfrac{1}{L}[e_m-k_iV_{dc}\cos(\omega t+\varphi_i)]\\ \dfrac{di_q}{dt}=\dfrac{1}{L}k_iV_{dc}\sin(\omega t+\varphi_i)\end{cases} \tag{3.27}$$

由式(3.27)可知，i_d 和 i_q 可通过选择不同的电压矢量调节，当 $e_m-k_iV_{dc}\cos(\omega t+\varphi_i)$ 为正值时，i_d 增加，为负值时，i_d 减小；当 $k_iV_{dc}\sin(\omega t+\varphi_i)$ 为正值时，i_q 增加，为负值时，i_q 减小。同时，$e_m-k_iV_{dc}\cos(\omega t+\varphi_i)$ 和 $k_iV_{dc}\sin(\omega t+\varphi_i)$ 的绝对值越大，调节速率越快。

1. 交流侧电流处于扇区 θ_1 时的电压矢量选择

当交流侧电流处于扇区 θ_1 时，8 个电压矢量按照对应的 $k_iV_{dc}\cos(\omega t+\varphi_i)$、$k_iV_{dc}\sin(\omega t+\varphi_i)$ 值由大到小排序如表 3.3 和表 3.4 所示。

表 3.3 各电压矢量按 $k_i V_{dc} \cos(\omega t + \varphi_i)$ 值由大到小排列(交流侧电流处于扇区 θ_1)

排序	1	2	3	4	6	7	8
电压矢量	V_1	V_{12}	V_2	V_{13}、V_{14}	V_{24}	V_{16}	V_{25}
取值范围	$\left(\dfrac{\sqrt{3}}{3}, \dfrac{2}{3}\right)$	$\left[\dfrac{1}{2}, \dfrac{\sqrt{3}}{3}\right)$	$\left(\dfrac{\sqrt{3}}{6}, \dfrac{1}{2}\right)$	$\left(\dfrac{\sqrt{3}}{6}, \dfrac{1}{3}\right)$	$\left[\dfrac{1}{6}, \dfrac{\sqrt{3}}{6}\right)$	$\left(0, \dfrac{1}{6}\right]$	0

表 3.4 各电压矢量按 $k_i V_{dc} \sin(\omega t + \varphi_i)$ 值由大到小排列(交流侧电流处于扇区 θ_1)

排序	1	2	3	4	6	7	8
电压矢量	V_{24}	V_{12}	V_{25}	V_{13}、V_{14}	V_1	V_{16}	V_2
取值范围	$\left[\dfrac{1}{6}, \dfrac{\sqrt{3}}{6}\right)$	$\left(0, \dfrac{\sqrt{3}}{6}\right]$	0	$\left(-\dfrac{1}{6}, 0\right)$	$\left(-\dfrac{1}{3}, 0\right)$	$\left[-\dfrac{1}{3}, -\dfrac{\sqrt{3}}{6}\right)$	$\left[-\dfrac{1}{2}, -\dfrac{\sqrt{3}}{6}\right)$

在控制器内环电流控制过程中，S_d、S_q 的取值为 00、01、10、11，对应着四种调节目标，每种调节目标下均需要找出对应的电压矢量实现。在表 3.4 中，只有 V_{24} 和 V_{12} 使 $k_i V_{dc} \sin(\omega t + \varphi_i) > 0$，使 i_q 上升，这两个矢量在表 3.3 分别位于第 6 位和第 2 位，因此当交流侧电压和直流侧电压满足 $e_m - k_{12} V_{dc} \cos(\omega t + \varphi_{12}) < 0$ 且 $e_m - k_{24} V_{dc} \cos(\omega t + \varphi_{24}) > 0$ 时，即 $\sqrt{3} V_{dc} / 6 \leqslant e_m < V_{dc} / 2$，在第一扇区全部区域内，$V_{24}$ 均能使 i_d 上升，V_{12} 均能使 i_d 下降，称其在全扇区满足调节要求。当 $V_{dc} / 6 \leqslant e_m < \sqrt{3} V_{dc} / 6$ 时，在第一扇区局部区域内，V_{24} 能使 i_d 上升，称其在局部满足调节要求。需要指出的是，这种情况下，对于不满足调节要求的区域，控制误差会增大，因此选择局部满足调节要求的电压矢量只是在某调节要求下无电压矢量可选的权宜之计，当同一调节目标下有多个电压矢量选择时，优先选择全扇区满足调节要求和调节能力更强的电压矢量。根据上述原则，各调节目标下的电压矢量选择如表 3.5 所示。

表 3.5 交流侧电流处于扇区 θ_1 的电压矢量选择

电流要求(S_d,S_q)	00	01	10	11
电压矢量	V_1	V_{12}	V_{16}	V_{24}

由上述分析可见，交流侧相电压的峰值 e_m 与直流侧电压 V_{dc} 的关系对电压矢量的选择有直接影响。因此，为更清晰、更准确地分析各电压矢量对电流分量的影响，引入了电压利用率 η 表征 e_m 和 V_{dc} 的比例关系，$\eta = e_m / V_{dc}$。

(1) 当 $\eta \in \left[\sqrt{3}/6, 1/2\right)$ 时，V_1、V_{12}、V_{16} 和 V_{24} 均是全扇区满足对应调节要求

的电压矢量，且 V_1、V_{12} 和 V_{16} 是其对应调节要求下的唯一选择；其中当 $\eta \in [1/3, 1/2)$ 时，V_{13}、V_{14} 也是全扇区满足 i_d 上升 i_q 下降调节要求的电压矢量，但其 i_d、i_q 的调节能力均弱于 V_{16}。

(2) 当 $\eta \in [1/6, \sqrt{3}/6)$ 时，V_{24} 变为局部满足 i_d 上升 i_q 上升调节要求的电压矢量且该调节要求下无更好电压矢量选择，同时 V_2、V_{13}、V_{14} 均变成了全扇区满足 i_d 下降 i_q 下降调节要求的电压矢量，在该调节要求下，i_d 的调节能力 V_1 最强，i_q 的调节能力 V_2 最强。

(3) 当 $\eta \in [1/2, \sqrt{3}/3)$ 时，V_{12} 变为局部扇区满足调节要求的电压矢量且 i_d 下降 i_q 上升调节要求下无更好电压矢量选择，同时 V_2、V_{13}、V_{14} 均变成了全扇区满足 i_d 上升 i_q 下降调节要求的电压矢量，在该调节要求下，i_d 的调节能力 V_{16} 最强，i_q 的调节能力 V_2 最强。

(4) 当 $\eta \in [0, 1/6)$ 时，电流要求 $S_d = 1$，$S_q = 1$ 下无电压矢量选择；$\eta \in [\sqrt{3}/3, 2/3)$ 时，电流要求 $S_d = 0$、$S_q = 1$ 下无电压矢量选择，因此当电压利用率在这两个区域时，电流调节能力较弱。

(5) 当考虑到 $2\omega L V_{\mathrm{dc}}^2 / (3e_m R)$ 项的影响时，V_{25} 是全扇区内满足 i_d 上升 i_q 下降调节要求的电压矢量选择，且不受电流扇区变化的影响，但由于 $2\omega L V_{\mathrm{dc}}^2 / (3e_m R)$ 值很小，i_q 的调节能力较弱。

2. 交流侧电流处于扇区 θ_2 时的电压矢量选择

当交流侧电流处于扇区 θ_2 时，8 个电压矢量按照对应的 $k_i V_{\mathrm{dc}} \cos(\omega t + \varphi_i)$、$k_i V_{\mathrm{dc}} \sin(\omega t + \varphi_i)$ 的值由大到小排序如表 3.6 和表 3.7 所示。

表 3.6　各电压矢量按 $k_i V_{\mathrm{dc}} \cos(\omega t + \varphi_i)$ 值由大到小排列(交流侧电流处于扇区 θ_2)

排序	1	2	3	4	6	7	8
电压矢量	V_1	V_2	V_{12}	V_{13}、V_{14}	V_{16}	V_{24}	V_{25}
取值范围	$\left[\dfrac{\sqrt{3}}{3}, \dfrac{2}{3}\right)$	$\left(\dfrac{1}{2}, \dfrac{\sqrt{3}}{3}\right)$	$\left[\dfrac{\sqrt{3}}{6}, \dfrac{1}{2}\right)$	$\left[\dfrac{\sqrt{3}}{6}, \dfrac{1}{3}\right)$	$\left[\dfrac{1}{6}, \dfrac{\sqrt{3}}{6}\right)$	$\left[0, \dfrac{1}{6}\right)$	0

表 3.7　各电压矢量按 $k_i V_{\mathrm{dc}} \sin(\omega t + \varphi_i)$ 值由大到小排列(交流侧电流处于扇区 θ_2)

排序	1	2	3	4	6	7	8
电压矢量	V_{12}	V_{24}	V_1	V_{13}、V_{14}	V_{25}	V_2	V_{16}
取值范围	$\left[\dfrac{\sqrt{3}}{6}, \dfrac{1}{2}\right)$	$\left[\dfrac{\sqrt{3}}{6}, \dfrac{1}{3}\right)$	$\left[0, \dfrac{1}{3}\right)$	$\left[0, \dfrac{1}{6}\right)$	0	$\left(-\dfrac{\sqrt{3}}{6}, 0\right)$	$\left(-\dfrac{\sqrt{3}}{6}, -\dfrac{1}{6}\right)$

由表 3.7 可知，只有 V_2 和 V_{16} 使 $k_i V_{dc} \sin(\omega t + \varphi_i) < 0$，使 i_q 下降，这两个矢量在表 3.6 分别位于第 2 位和第 6 位，同样当 $\eta \in \left[\sqrt{3}/6, 1/2\right)$ 时，在整个第二扇区均能保证 $e_m - k_{12} V_{dc} \cos(\omega t + \varphi_{12}) < 0$ 且 $e_m - k_{24} V_{dc} \cos(\omega t + \varphi_{24}) > 0$。当 $m_{16} < \eta < m_2$（$m_{16} \in \left[1/6, \sqrt{3}/6\right)$，$m_2 \in \left[1/2, \sqrt{3}/3\right)$）时，能够保证在第二扇区的局部区域内 $e_m - k_{12} V_{dc} \cos(\omega t + \varphi_{12}) < 0$ 且 $e_m - k_{24} V_{dc} \cos(\omega t + \varphi_{24}) > 0$。各调节目标下的电压矢量选择如表 3.8 所示。

表 3.8　交流侧电流处于扇区 θ_2 的电压矢量选择

电流要求(S_d, S_q)	00	01	10	11
电压矢量	V_2	V_1	V_{16}	V_{24}

(1) 当 $\eta \in \left[\sqrt{3}/6, 1/2\right)$ 时，V_1、V_2、V_{16} 和 V_{24} 均是全扇区满足对应调节要求的电压矢量，且 V_1、V_2 和 V_{16} 是其对应调节要求下的唯一选择；其中当 $\eta \in \left[1/3, 1/2\right)$ 时，V_{13}、V_{14} 也是全扇区满足 i_d 上升 i_q 上升调节要求的电压矢量，但 i_d、i_q 的调节能力均弱于 V_{24}。

(2) 当 $\eta \in \left[1/6, \sqrt{3}/6\right)$ 时，V_{16} 变为局部扇区满足 i_d 上升 i_q 下降调节要求的电压矢量且该调节要求下无更好电压矢量选择，同时 V_{12}、V_{13}、V_{14} 均变成了全扇区满足 i_d 下降 i_q 上升调节要求的电压矢量，在该调节要求下，i_d 的调节能力 V_1 最强，i_q 的调节能力 V_{12} 最强。

(3) 当 $\eta \in \left[1/2, \sqrt{3}/3\right)$ 时，V_2 变为局部扇区满足调节要求的电压矢量且 i_d 下降 i_q 下降调节要求下无更好电压矢量选择，同时 V_{12}、V_{13}、V_{14} 均变成了全扇区满足 i_d 上升 i_q 上升调节要求的电压矢量，在该调节要求下，i_d 的调节能力 V_{24} 最强，i_q 的调节能力 V_{12} 最强。

(4) 当 $\eta \in \left[0, 1/6\right)$ 时，电流要求 $S_d = 1$、$S_q = 0$ 下无电压矢量选择；当 $\eta \in \left[\sqrt{3}/3, 2/3\right)$ 时，电流要求 $S_d = 0$、$S_q = 0$ 下无电压矢量选择，因此当电压利用率在这两个区域时，电流调节能力较弱。

3. 交流侧电流处于其他扇区时的电压矢量选择

扇区 θ_1 中的电压矢量与电流分量的关系可以推广到扇区 θ_3、θ_5、θ_7、θ_9、θ_{11}；扇区 θ_2 中的电压矢量与电流分量的关系可以推广到扇区 θ_4、θ_6、θ_8、θ_{10}、θ_{12}。以扇区 θ_3 为例，该扇区相比第 1 扇区滞后了 $\pi/3$，其中的电压矢量 V_2、V_3、V_4、V_{14}、V_{15}、V_{16}、V_{18} 对应 V_d、V_q 值也相比 V_1、V_2、V_{12}、V_{13}、V_{14}、V_{16}、V_{24}、V_{25} 滞后了 $\pi/3$，因此该扇区内各电压矢量的 V_d、V_q 值的取值范围与第 1 扇区内对应

电压矢量的 V_d、V_q 值的取值范围相同。各扇区对应的电压矢量如表 3.9 所示。

表 3.9 各电流扇区对应的电压矢量

电流扇区	1、2 扇区	3、4 扇区	5、6 扇区	7、8 扇区	9、10 扇区	11、12 扇区
对应 电压 矢量	V_1	V_3	V_5	V_7	V_9	V_{11}
	V_{12}	V_2	V_4	V_6	V_8	V_{10}
	V_2	V_4	V_6	V_8	V_{10}	V_{12}
	V_{13}、V_{14}	V_{15}、V_{16}	V_{17}、V_{18}	V_{19}、V_{20}	V_{21}、V_{22}	V_{23}、V_{24}
	V_{16}	V_{18}	V_{20}	V_{22}	V_{24}	V_{14}
	V_{24}	V_{14}	V_{16}	V_{18}	V_{20}	V_{22}

根据表 3.9 中各电流扇区的对应电压矢量，可以设计出一个不考虑中点电位的开关表，如表 3.10 所示。

表 3.10 三相 Vienna 整流器未考虑中点电位平衡的开关表

S_d	S_q	θ_1	θ_2	θ_3	θ_4	θ_5	θ_6	θ_7	θ_8	θ_9	θ_{10}	θ_{11}	θ_{12}
0	0	V_1	V_2	V_3	V_4	V_5	V_6	V_7	V_8	V_9	V_{10}	V_{11}	V_{12}
0	1	V_{12}	V_1	V_2	V_3	V_4	V_5	V_6	V_7	V_8	V_9	V_{10}	V_{11}
1	0	V_{16}	V_{16}	V_{18}	V_{18}	V_{20}	V_{20}	V_{22}	V_{22}	V_{24}	V_{24}	V_{14}	V_{14}
1	1	V_{24}	V_{24}	V_{14}	V_{14}	V_{16}	V_{16}	V_{18}	V_{18}	V_{20}	V_{20}	V_{22}	V_{22}

对上述开关表的分析可得：

(1) $\eta \in \left[\sqrt{3}/6, 1/2\right)$ 时，表 3.10 内的电压矢量选择均在全扇区满足对应调节要求，特别是当 $\eta \in [1/3, 1/2)$ 时，在一个调节要求(单数扇区为 i_d 上升 i_q 下降，双数扇区为 i_d 上升 i_q 上升)下还有一组冗余小矢量作为备选。

(2) 当 $\eta \in \left[1/6, \sqrt{3}/6\right)$ 时，一个调节要求下(单数扇区是 i_d 上升 i_q 上升，双数扇区是 i_d 上升 i_q 下降)的电压矢量选择由全扇区满足调节要求变为局部满足调节要求，且另一调节要求(单数扇区是 i_d 下降 i_q 下降，双数扇区是 i_d 下降 i_q 上升)下多了三个全扇区满足调节要求的电压矢量选择。

(3) 与 $\eta \in \left[1/6, \sqrt{3}/6\right)$ 时情况类似，当 $\eta \in \left[1/2, \sqrt{3}/3\right)$ 时，一个调节要求下(单数扇区是 i_d 下降 i_q 上升，双数扇区是 i_d 下降 i_q 下降)的电压矢量选择由全扇区满足调节要求变为局部满足调节要求；且另一调节要求(单数扇区是 i_d 上升 i_q 下降，双数扇区是 i_d 上升 i_q 上升)下多了三个全扇区满足调节要求的电压矢量选择。

综上，当 $\eta \in \left[\sqrt{3}/6, 1/2\right)$ 时，每个调节要求下均有全扇区满足调节要求的电压矢量，采用开关表(表 3.10)，可以获得良好的电流调节效果；当 $\eta \in \left[1/6, \sqrt{3}/6\right)$

或 $\eta \in \left[1/2, \sqrt{3}/3\right)$ 时，有一个调节要求下无全扇区满足调节要求的电压矢量，这种情况下只能选择一个局部满足调节要求的电压矢量代替，因此电流调节能力会有明显下降；当 $\eta \in \left[0, 1/6\right)$ 或 $\eta \in \left[\sqrt{3}/3, 2/3\right)$ 时，每个电流扇区内均有一种电流要求下无电压矢量选择，因此当电压利用率在这两个区域时，电流调节能力较弱。

3.4.2 各电压矢量对中点电位的影响

由式(3.16)得

$$\begin{cases} C_1 \dfrac{\mathrm{d}V_{dc1}}{\mathrm{d}t} = \dfrac{3}{2}S_{dp}i_d + \dfrac{3}{2}S_{qp}i_q - \dfrac{V_{dc1}+V_{dc2}}{R_L} \\ C_2 \dfrac{\mathrm{d}V_{dc2}}{\mathrm{d}t} = -\dfrac{3}{2}S_{dn}i_d - \dfrac{3}{2}S_{qn}i_q - \dfrac{V_{dc1}+V_{dc2}}{R_L} \end{cases} \tag{3.28}$$

当整流器运行在单位功率因数且 $C_1 = C_2 = C$ 时，将 $i_d = 2V_{dc}^2/(3R_L e_d)$、$i_q = 0$、$e_m = e_d$、$\Delta V_{dc} = V_{dc1} - V_{dc2}$ 代入式(3.28)，得

$$\frac{\mathrm{d}\Delta V_{dc}}{\mathrm{d}t} = (S_{dp} + S_{dn})\frac{V_{dc}^2}{CR_L e_m} \tag{3.29}$$

由式(3.29)得：ΔV_{dc} 的增减性取决于 $S_{dp} + S_{dn}$ 的正负性。由式(3.21)、式(3.22)和表 3.1 得如表 3.11 所示的电压空间矢量和 $S_{dp} + S_{dn}$ 的关系。

表 3.11 电压空间矢量和 $S_{dp} + S_{dn}$ 的关系

矢量	$S_{dp} + S_{dn}$	矢量	$S_{dp} + S_{dn}$	矢量	$S_{dp} + S_{dn}$
V_1	0	V_9	0	V_{17}	$\dfrac{2}{3}\cos\left(\omega t + \dfrac{\pi}{3}\right)$
V_2	$\dfrac{2}{3}\cos\left(\omega t + \dfrac{\pi}{3}\right)$	V_{10}	$\dfrac{2}{3}\cos(\omega t + \pi)$	V_{18}	$\dfrac{2}{3}\cos\left(\omega t - \dfrac{2\pi}{3}\right)$
V_3	0	V_{11}	0	V_{19}	$\dfrac{2}{3}\cos(\omega t - \pi)$
V_4	$\dfrac{2}{3}\cos(\omega t + \pi)$	V_{12}	$\dfrac{2}{3}\cos\left(\omega t - \dfrac{\pi}{3}\right)$	V_{20}	$\dfrac{2}{3}\cos(\omega t)$
V_5	0	V_{13}	$\dfrac{2}{3}\cos(\omega t + \pi)$	V_{21}	$\dfrac{2}{3}\cos\left(\omega t - \dfrac{\pi}{3}\right)$
V_6	$\dfrac{2}{3}\cos\left(\omega t - \dfrac{\pi}{3}\right)$	V_{14}	$\dfrac{2}{3}\cos(\omega t)$	V_{22}	$\dfrac{2}{3}\cos\left(\omega t - \dfrac{4\pi}{3}\right)$
V_7	0	V_{15}	$\dfrac{2}{3}\cos\left(\omega t - \dfrac{\pi}{3}\right)$	V_{23}	$\dfrac{2}{3}\cos\left(\omega t - \dfrac{5\pi}{3}\right)$
V_8	$\dfrac{2}{3}\cos\left(\omega t + \dfrac{\pi}{3}\right)$	V_{16}	$\dfrac{2}{3}\cos\left(\omega t + \dfrac{2\pi}{3}\right)$	V_{24}	$\dfrac{2}{3}\cos\left(\omega t - \dfrac{2\pi}{3}\right)$

当交流侧电流处于扇区 θ_1 时，8 个电压矢量按照对应 $S_{dp} + S_{dn}$ 的值由大到小排序如表 3.12 所示。

表 3.12　交流侧电流位于扇区 θ_1 内各电压矢量按 $S_{dp} + S_{dn}$ 值由大到小排列

排序	1	2	3	4	6	7	8
电压矢量	V_{14}	V_2	V_{12}	V_1、V_{25}	V_{16}	V_{24}	V_{13}
取值范围	$\left(\dfrac{\sqrt{3}}{3}, \dfrac{2}{3}\right)$	$\left[\dfrac{1}{3}, \dfrac{\sqrt{3}}{3}\right)$	$\left(0, \dfrac{1}{3}\right]$	0	$\left[-\dfrac{1}{3}, 0\right)$	$\left(-\dfrac{\sqrt{3}}{3}, -\dfrac{1}{3}\right]$	$\left[-\dfrac{2}{3}, -\dfrac{\sqrt{3}}{3}\right)$

当交流侧电流处于扇区 θ_2 时，8 个电压矢量按照对应 $S_{dp} + S_{dn}$ 的值由大到小排序如表 3.13 所示。

表 3.13　交流侧电流位于扇区 θ_2 内各电压矢量按 $S_{dp} + S_{dn}$ 值由大到小排列

排序	1	2	3	4	6	7	8
电压矢量	V_{14}	V_{12}	V_2	V_1、V_{25}	V_{24}	V_{16}	V_{13}
取值范围	$\left[\dfrac{\sqrt{3}}{3}, \dfrac{2}{3}\right]$	$\left[\dfrac{1}{3}, \dfrac{\sqrt{3}}{3}\right)$	$\left[0, \dfrac{1}{3}\right)$	0	$\left(-\dfrac{1}{3}, 0\right)$	$\left[-\dfrac{\sqrt{3}}{3}, -\dfrac{1}{3}\right]$	$\left(-\dfrac{2}{3}, -\dfrac{\sqrt{3}}{3}\right)$

扇区 θ_1 中电压矢量与中点电位的关系可以推广到扇区 θ_3、θ_5、θ_7、θ_9、θ_{11}，扇区 θ_2 中电压矢量与中点电位的关系可以推广到扇区 θ_4、θ_6、θ_8、θ_{10}、θ_{12}。各扇区对应的电压矢量如表 3.14 所示。

表 3.14　各电流扇区对应的电压矢量

电流扇区	扇区 θ_1、θ_2	扇区 θ_3、θ_4	扇区 θ_5、θ_6	扇区 θ_7、θ_8	扇区 θ_9、θ_{10}	扇区 θ_{11}、θ_{12}
对应电压矢量	V_1	V_3	V_5	V_7	V_9	V_{11}
	V_{12}	V_{18}	V_4	V_{22}	V_8	V_{14}
	V_2	V_{14}	V_6	V_{18}	V_{10}	V_{22}
	V_{13}	V_{16}	V_{17}	V_{20}	V_{21}	V_{24}
	V_{14}	V_{15}	V_{18}	V_{19}	V_{22}	V_{23}
	V_{16}	V_2	V_{20}	V_6	V_{24}	V_{10}
	V_{24}	V_4	V_{16}	V_8	V_{20}	V_{12}

3.5　新型开关表的设计

当只考虑调节电流分量 i_d、i_q 的要求时，S_d、S_q 的取值为 00、01、10、11，对应着四种调节目标，根据分析：最多只有一种调节目标下有多个电压矢量选择；

若再兼顾中点电位平衡的要求，则 S_d、S_q、S_V 的取值为 000、001、010、011、100、101、110、111，调节目标变为 8 个，每个目标都找到对应的电压矢量显然是无法实现的。因此，本章设计的开关表遵循了优先调节 i_d、i_q，兼顾调节中点电位的原则。当 i_d、i_q 的调节目标中有多个电压矢量选择时，再根据中点电位的调节要求选择其对应的电压矢量。

(1) 当 $\eta \in [1/3, 1/2)$ 时，每个扇区内一对冗余小矢量均是全扇区满足调节要求的电压矢量，二者对电流 dq 分量影响相同，对中点电位影响相反。因此，在改进开关表(表 3.10)时，找出有多个电压矢量选择的调节目标，将其对应的原电压矢量选择用一对冗余小矢量代替(例如，在第一扇区中 V_{16} 被 $V_{14(13)}$ 代替)，得到的新型开关表设计如表 3.15 所示。

表 3.15　三相 Vienna 整流器的开关表($1/3 \leqslant \eta < 1/2$)

S_d	S_q	S_V	θ_1	θ_2	θ_3	θ_4	θ_5	θ_6	θ_7	θ_8	θ_9	θ_{10}	θ_{11}	θ_{12}
0	0	0/1	V_1	V_2	V_3	V_4	V_5	V_6	V_7	V_8	V_9	V_{10}	V_{11}	V_{12}
0	1	0/1	V_{12}	V_1	V_2	V_3	V_4	V_5	V_6	V_7	V_8	V_9	V_{10}	V_{11}
1	0	0	V_{14}	V_{16}	V_{15}	V_{18}	V_{18}	V_{20}	V_{19}	V_{22}	V_{22}	V_{24}	V_{23}	V_{14}
1	0	1	V_{13}	V_{16}	V_{16}	V_{18}	V_{17}	V_{20}	V_{20}	V_{22}	V_{24}	V_{24}	V_{14}
1	1	0	V_{24}	V_{14}	V_{14}	V_{16}	V_{16}	V_{18}	V_{18}	V_{19}	V_{22}	V_{22}	V_{23}
1	1	1	V_{24}	V_{13}	V_{14}	V_{16}	V_{16}	V_{17}	V_{18}	V_{20}	V_{20}	V_{21}	V_{22}	V_{24}

(2) 当 $\eta \in [\sqrt{3}/6, 1/3)$ 时，每个电流扇区内这对冗余小矢量不再是全扇区满足调节要求的电压矢量，如仍沿用上述开关表，中点电位虽能保持平衡，但交流侧电流的调节能力会有所下降，因此采用了原电压矢量选择和一对冗余小矢量搭配使用的方法，设计的开关表如表 3.16 所示。

表 3.16　三相 Vienna 整流器的开关表($\sqrt{3}/6 \leqslant \eta < 1/3$)

S_d	S_q	S_V	θ_1	θ_2	θ_3	θ_4	θ_5	θ_6	θ_7	θ_8	θ_9	θ_{10}	θ_{11}	θ_{12}
0	0	0/1	V_1	V_2	V_3	V_4	V_5	V_6	V_7	V_8	V_9	V_{10}	V_{11}	V_{12}
0	1	0/1	V_{12}	V_1	V_2	V_3	V_4	V_5	V_6	V_7	V_8	V_9	V_{10}	V_{11}
1	0	0	V_{14}	V_{16}	V_{15}	V_{18}	V_{18}	V_{20}	V_{19}	V_{22}	V_{22}	V_{24}	V_{23}	V_{14}
1	0	1	V_{13}	V_{16}	V_{16}	V_{18}	V_{17}	V_{20}	V_{20}	V_{22}	V_{24}	V_{24}	V_{14}
1	1	0	V_{24}	V_{24}	V_{14}	V_{14}	V_{16}	V_{16}	V_{18}	V_{18}	V_{20}	V_{20}	V_{22}	V_{22}
1	1	1	V_{24}	V_{24}	V_{14}	V_{14}	V_{16}	V_{16}	V_{18}	V_{18}	V_{20}	V_{20}	V_{22}	V_{22}

(3) 当 $\eta \in [1/6, \sqrt{3}/6)$ 时，根据对开关表(表 3.10)的分析，一个调节要求下(单

数扇区是 i_d 上升 i_q 上升，双数扇区是 i_d 上升 i_q 下降)的电压矢量选择由全扇区满足调节要求变为局部满足调节要求，另一个调节目标下的原电压矢量选择可由一对冗余的小矢量代替，以平衡中点电位，设计的开关表如表 3.17 所示。

表 3.17　三相 Vienna 整流器的开关表($1/6 \leqslant \eta < \sqrt{3}/6$)

S_d	S_q	S_V	θ_1	θ_2	θ_3	θ_4	θ_5	θ_6	θ_7	θ_8	θ_9	θ_{10}	θ_{11}	θ_{12}
0	0	0	V_{14}	V_2	V_{15}	V_4	V_{18}	V_6	V_{19}	V_8	V_{22}	V_{10}	V_{23}	V_{12}
0	0	1	V_{13}	V_2	V_{16}	V_4	V_{17}	V_6	V_{20}	V_8	V_{21}	V_{10}	V_{24}	V_{12}
0	1	0	V_{12}	V_{14}	V_2	V_{15}	V_4	V_{18}	V_6	V_{19}	V_8	V_{22}	V_{10}	V_{23}
0	1	1	V_{12}	V_{13}	V_2	V_{16}	V_4	V_{17}	V_6	V_{20}	V_8	V_{21}	V_{10}	V_{24}
1	0	0/1	V_{16}	V_{16}	V_{18}	V_{18}	V_{20}	V_{20}	V_{22}	V_{22}	V_{24}	V_{24}	V_{14}	V_{14}
1	1	0/1	V_{24}	V_{24}	V_{14}	V_{14}	V_{16}	V_{16}	V_{18}	V_{18}	V_{20}	V_{20}	V_{22}	V_{22}

(4) 当 $\eta \in [1/2, \sqrt{3}/3)$ 时，根据对开关表(表 3.10)的分析，一个调节要求下(单数扇区是 i_d 下降 i_q 上升，双数扇区是 i_d 下降 i_q 下降)的电压矢量选择由全扇区满足调节要求变为局部满足调节要求，另一个调节目标下的原电压矢量选择可由一对冗余的小矢量代替，以平衡中点电位，设计的开关表如表 3.18 所示。

表 3.18　三相 Vienna 整流器的开关表($1/2 \leqslant \eta < \sqrt{3}/3$)

S_d	S_q	S_V	θ_1	θ_2	θ_3	θ_4	θ_5	θ_6	θ_7	θ_8	θ_9	θ_{10}	θ_{11}	θ_{12}
0	0	0/1	V_1	V_2	V_3	V_4	V_5	V_6	V_7	V_8	V_9	V_{10}	V_{11}	V_{12}
0	1	0/1	V_{12}	V_1	V_2	V_3	V_4	V_5	V_6	V_7	V_8	V_9	V_{10}	V_{11}
1	0	0	V_{14}	V_{16}	V_{15}	V_{18}	V_{18}	V_{20}	V_{19}	V_{22}	V_{22}	V_{24}	V_{23}	V_{14}
1	0	1	V_{13}	V_{16}	V_{16}	V_{18}	V_{17}	V_{20}	V_{20}	V_{22}	V_{21}	V_{24}	V_{24}	V_{14}
1	1	0	V_{24}	V_{14}	V_{14}	V_{15}	V_{16}	V_{18}	V_{18}	V_{19}	V_{20}	V_{22}	V_{22}	V_{23}
1	1	1	V_{24}	V_{13}	V_{14}	V_{16}	V_{17}	V_{18}	V_{20}	V_{20}	V_{21}	V_{22}	V_{24}	

以上是针对不同的电压利用率设计的开关表，在这四个开关表中，只有表 3.15 中的所有电压矢量均在全扇区满足对应调节要求，其余开关表中皆有电压矢量是部分满足对应的调节要求，因此其电流调节能力尚需仿真进一步验证。当 $\eta \in [0, 1/6)$ 或 $\eta \in [\sqrt{3}/3, 2/3)$ 时，由于每个电流扇区内均有一种电流要求下无电压矢量选择，因此未针对这两个区域设计开关表。

3.6　仿真与实验验证

利用 MATLAB/Simulink 根据图 3.2 搭建了三相 Vienna 整流器的仿真模型，

以验证本章设计的新型开关表的性能，仿真参数如下：电网相电压 $e_{a,b,c}$ = 115V(RMS)/400Hz(RMS 表示均方根)，输入电感 $L = 3\text{mH}$，输入等效电阻 $r = 0.3\Omega$，直流侧两个电容 $C = 2\text{mF}$，额定输出功率 $P_{\text{out1}} = 3\text{kW}$，突卸负载后输出功率为 $P_{\text{out2}} = 2\text{kW}$，滞环阈值设定为 $H_d = 0.01\text{A}$，$H_q = 0.01\text{A}$，$H_V = 0.4\text{V}$，外环 PI 控制器的参数为 $k_p = 0.3$，$k_i = 10$。

3.6.1 考虑中点电位与未考虑中点电位的开关表对比

本节设计在不同电压利用率下能够调节交流侧电流和输出中点电位的开关表，在仿真中将其与未考虑中点电位的开关表做对比。为保证交流侧电流的调节能力，选择输出参考电压为 $V_{\text{dc}} = 330\text{V}$，此时 $\eta = 0.493$，在 $\eta \in [1/3, 1/2)$ 的区间内。

Vienna 整流器在运行稳定时，交流侧三相电流波形与 a 相电流的总谐波失真量(total harmonic distortion，THD)以及 a 相电流与电压的关系如图 3.4 和图 3.5 所示。

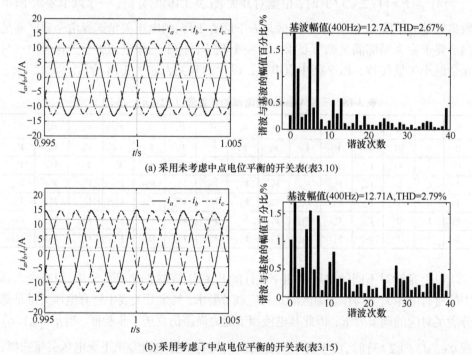

(a) 采用未考虑中点电位平衡的开关表(表3.10)

(b) 采用考虑了中点电位平衡的开关表(表3.15)

图 3.4　额定负载时的交流侧三相电流波形及 a 相电流对应的谐波含量

在整流器运行稳定后，对 a 相电流进行了频谱分析，谐波含量如图 3.4 所示，采用未考虑中点电位平衡的开关表(表 3.10)和考虑了中点电位平衡的开关表(表 3.15)时，Vienna 整流器的交流侧 a 相电流均符合 DO-160G 对谐波含量的要求。此外，对比 a 相电流和电压得到：采用未考虑中点电位平衡的开关表的整流器，交流侧电流滞后电压 5.48°；采用考虑中点电位平衡的开关表的整流器，交流侧电流滞后电压 5°。

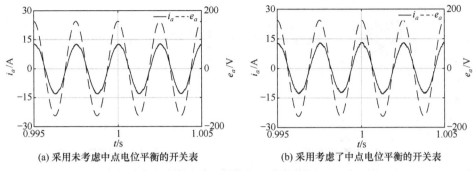

(a) 采用未考虑中点电位平衡的开关表　　　　(b) 采用考虑了中点电位平衡的开关表

图 3.5　a 相电压、电流波形

　　负载突变后，输出功率从 3kW 降为 2kW，在运行稳定后对交流侧 a 相电流进行了谐波分析，谐波含量如图 3.6 所示：采用未考虑中点电位平衡的开关表和考虑了中点电位平衡的开关表时，Vienna 整流器的交流侧 a 相电流均符合 DO-160G 对谐波含量的要求。图 3.7 是输出电压的仿真结果。

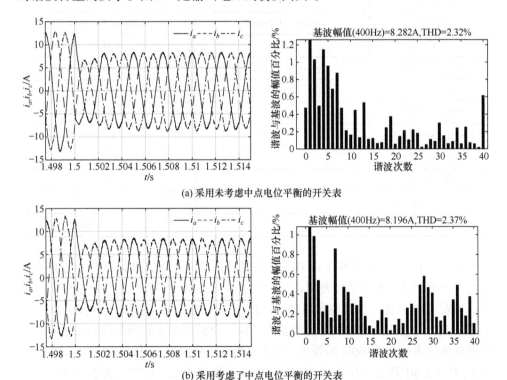

(a) 采用未考虑中点电位平衡的开关表

(b) 采用考虑了中点电位平衡的开关表

图 3.6　减载后的交流侧三相电流波形及 a 相电流对应的谐波含量

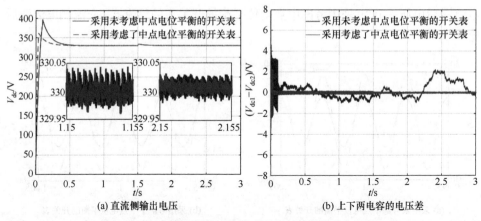

(a) 直流侧输出电压　　　　　　　　　　(b) 上下两电容的电压差

图 3.7　直流侧输出电压的波形及上下两电容的电压差

由图 3.7 给出了采用两种开关表(表 3.10 和表 3.15)时直流侧输出电压和上下电容电压差的仿真波形,在表 3.19 中给出了仿真结果对比。

表 3.19　分别采用两种开关表的对比结果

采用开关表	表 3.10	表 3.15
超调量	20.324%(397.068V)	9.646%(361.833V)
启动后稳定时间	0.545s	0.410s
启动稳定后纹波波动	[−0.052V, 0.042V]	[−0.060V, 0.048V]
卸载后波动	3.915V	3.919V
卸载后稳定时间	0.237s	0.240s
卸载稳定后纹波波动	[−0.029V, 0.032V]	[−0.021V, 0.031V]
ΔV_{dc} 的最大波动	—	−6.906V
稳定时间	—	0.210s
启动后波动区间	—	[−0.201V, 0.207V]
卸载后波动区间	—	[−0.108V, 0.105V]

在表 3.19 中,采用表 3.10 的整流器中点电位不平衡,所以其与 ΔV_{dc} 相关的性能均未被记录。上述结果表明:本章设计的表 3.15 拥有良好的中点电位调节能力;与表 3.10 相比,在整流器启动后,输出电压的收敛速度更快,超调量更小,突卸负载后的电压波动和恢复时间基本相同;交流侧电流的调节能力无下降,电流谐波含量满足 DO-160G 的要求。综上,当电压利用率 $\eta\in[1/3,1/2)$ 时,由于开关表(表 3.15)中所有电压选择均在全扇区满足调节要求,该开关表能够满足三相 Vienna 整流器在交流侧电流调节和中点电位平衡控制的要求。

3.6.2　电压利用率对交流侧电流调节能力的影响

本章根据电压利用率不同时各电压矢量对交流侧电流 dq 分量影响不同的特点，设计了在不同电压利用率下的新型开关表，旨在控制三相 Vienna 整流器的交流侧电流和中点电位，然而，在之前的分析中已指出在 $\eta \in \left[1/6,\sqrt{3}/3\right)$ 的区间中，只当 $\eta \in \left[1/3,1/2\right)$ 时，开关表中所有电压矢量均在全扇区满足对应调节要求，其余区间对应的开关表中皆有电压矢量是部分满足对应调节要求的，因此在这些区间内的开关表对电流的调节能力有所下降，下面将对其进行仿真验证。

在仿真中分别取：$V_{dc} = 500\text{V}$，$\eta = 0.3253$，在 $\eta \in \left[\sqrt{3}/6,1/3\right)$ 的区间内；$V_{dc} = 570\text{V}$，$\eta = 0.2853$，在 $\eta \in \left[1/6,\sqrt{3}/6\right)$ 的区间内；$V_{dc} = 285\text{V}$，$\eta = 0.5706$，在 $\eta \in \left[1/2,\sqrt{3}/3\right)$ 的区间内；$V_{dc} = 270\text{V}$，$\eta = 0.6024$，在 $\eta \in \left[\sqrt{3}/3,2/3\right)$ 的区间内。

1. $V_{dc} = 500\text{V}$(采用表 3.16 的开关表)

在整流器运行稳定后，对 a 相电流进行了频谱分析，THD = 2.57%(图 3.8)，且交流侧电流滞后电压 1.046°(图 3.9)；负载突变后，输出功率从 3kW 降为 2kW，在运行稳定后对交流侧 a 相电流进行了谐波分析，THD = 3.19%(图 3.10)，负载突变前后整流器的交流侧 a 相电流均符合 DO-160G 的谐波含量要求。图 3.11 是输出电压的仿真结果。

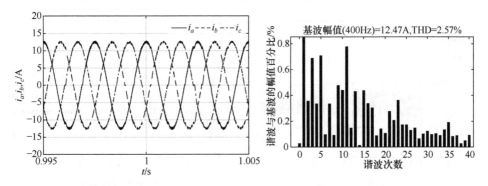

图 3.8　额定负载时的交流侧三相电流波形及 a 相电流对应的谐波含量($V_{dc} = 500\text{V}$，表 3.16)

由图 3.11(a)可见，电路启动后输出电压的超调量为 25.261%(626.306V)，0.544s 后电路运行稳定，稳定后纹波波动保持在[−0.043V, 0.043V]，突卸负载后，电压波动为 3.900V，0.195s 后电路运行稳定，稳定后纹波波动保持在[−0.028V, 0.032V]。

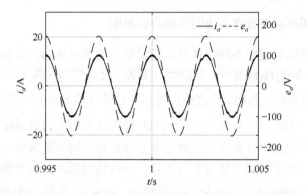

图 3.9　a 相电压、电流波形(V_{dc} = 500V，表 3.16)

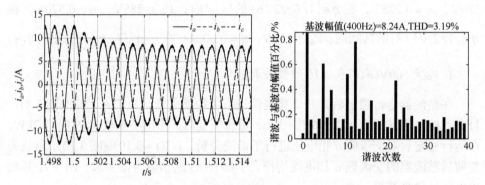

图 3.10　卸载后的交流侧三相电流波形及 a 相电流对应的谐波含量

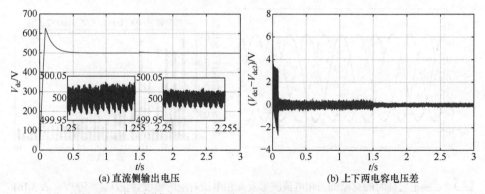

(a) 直流侧输出电压　　　　　　　　(b) 上下两电容电压差

图 3.11　直流侧输出电压和上下两电容电压差(V_{dc} = 500V，表 3.16)

　　图 3.11(b)可见，电路启动后的上下两电容电压差最大波动值为 7.883V，在 0.112s 后上下电容电压差保持在[−0.554V, 0.549V]，突卸负载后，上下电容电压差保持在[−0.221V, 0.227V]。

　　上述结果表明：本节设计的表 3.16 拥有良好的中点电位调节能力，稳态时电压纹波和中点电位波动较小；具有良好的输入电流调节能力，电流的谐波含量满足 DO-160G 标准的要求。综上，当电压利用率 $\eta \in \left[\sqrt{3}/6, 1/3\right)$ 时，虽然用来平衡中点电位的一对冗余小矢量不在全扇区内满足调节要求，但该调节要求下仍有其他全扇区内满足调节要求的电压矢量选择，表 3.16 的设计中采取了二者搭配使用的方法，能够保证输入电流的调节能力，使开关表(表 3.16)在 $\eta \in \left[\sqrt{3}/6, 1/3\right)$ 时能够满足三相 Vienna 整流器控制在交流侧电流调节、中点电位平衡控制的要求。

2. V_{dc} = 570V(采用表 3.17 的开关表)

在整流器运行稳定后，对交流侧 a 相电流进行了频谱分析，THD = 7.07% (图 3.12)，且交流侧电流滞后电压 3.146°(图 3.13)；负载突变后，输出功率从 3kW 降为 2kW，在运行稳定后对交流侧 a 相电流进行了谐波分析，THD = 7.63% (图 3.14)。突卸负载前后，交流侧电流谐波含量均较大，不满足 DO-160G 标准的要求。图 3.15 是输出电压的仿真结果。

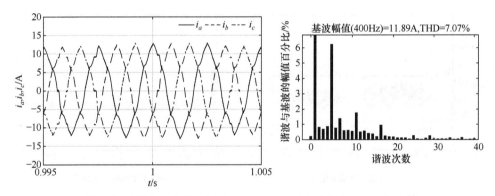

图 3.12　额定负载时的交流侧三相电流波形及 a 相电流对应的谐波含量(V_{dc} = 570V，表 3.17)

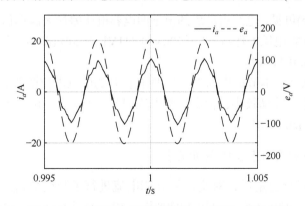

图 3.13　a 相电压、电流波形(V_{dc} = 570V，表 3.17)

由图 3.15(a)可见,电路启动后输出电压的超调量为 27.398%(726.169V),0.553s 后电路运行稳定, 稳定后纹波波动保持在[–0.034V, 0.043V], 突卸负载后, 电压波动为 3.926V, 0.182s 后电路运行稳定, 稳定后纹波波动保持在[–0.022V, 0.027V]。

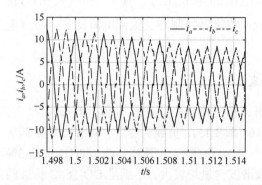 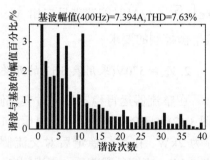

图 3.14　卸载后的交流侧三相电流波形及 A 相电流对应的谐波含量(V_{dc} = 570V, 表 3.17)

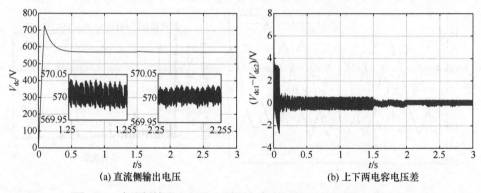

(a) 直流侧输出电压　　　　　　　　(b) 上下两电容电压差

图 3.15　直流侧输出电压和上下两电容电压差(V_{dc} = 570V, 表 3.17)

由图 3.15(b)可见, 电路启动后的上下两电容电压差最大波动值为 7.883V, 在 0.193s 后上下电容电压差保持在[–0.706V, 0.741V], 突卸负载后, 上下电容电压差保持在[–0.325V, 0.314V]。

上述结果表明, 本节提出的表 3.17 拥有良好的中点电位调节能力, 稳态时电压纹波和中点电位波动较小; 但交流侧电流调节能力不足, 电流的谐波含量不满足 DO-160G 标准的要求。

3. V_{dc} = 285V(采用表 3.18 的开关表)

在整流器运行稳定后, 对交流侧 a 相电流进行了频谱分析, THD = 4.10% (图 3.16), 且交流侧电流滞后电压 3.839°(图 3.17); 负载突变后, 输出功率从 3kW

降为 2kW，在运行稳定后对交流侧 a 相电流进行了谐波分析，THD = 5.25% (图 3.18)。突卸负载前后，交流侧电流谐波含量均较大，不满足 DO-160G 标准的要求。图 3.19 是输出电压的仿真结果。

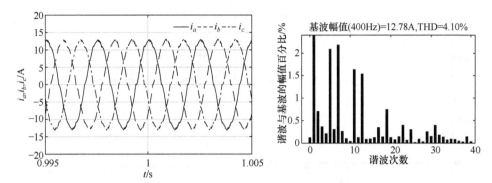

图 3.16　额定负载时的交流侧三相电流波形及 a 相电流对应的谐波含量(V_{dc} = 285V，表 3.18)

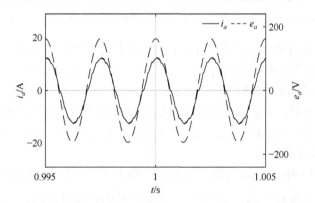

图 3.17　a 相电压、电流波形(V_{dc} = 285V，表 3.18)

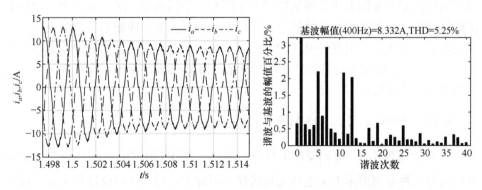

图 3.18　卸载后的交流侧三相电流波形及 a 相电流对应的谐波含量(V_{dc} = 285V，表 3.18)

由图 3.19(a)可见，电路启动后输出电压的超调量为 18.2886%(337.122V)，

0.196s 后电路运行稳定，稳定后纹波波动保持在[–0.077V, 0.071V]，突卸负载后，电压波动为 9.974V，0.117s 后电路运行稳定，稳定后纹波波动保持在[–0.081V, 0.081V]。

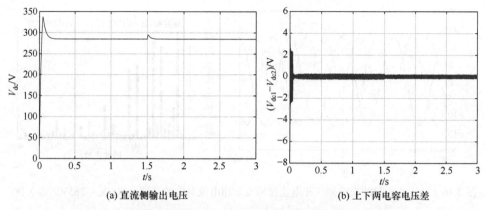

(a) 直流侧输出电压　　　　　　　　　　(b) 上下两电容电压差

图 3.19　　直流侧输出电压和上下两电容电压差(V_{dc} = 285V，表 3.18)

由图 3.19(b)可见，电路启动后的上下两电容电压差最大波动值为 5.808V，在 0.173s 后上下两电容电压差保持在[–0.254V, 0.254V]，突卸负载后，上下两电容电压差保持在[–0.206V, 0.209V]。

上述结果表明，本节提出的表 3.18 拥有良好的中点电位调节能力，稳态时电压纹波和中点电位波动较小；但交流侧电流调节能力不足，电流的谐波含量不满足 DO-160G 标准的要求。

综合表 3.17 和表 3.18 的仿真结果可以得出结论，上述两种开关表分别是针对电压利用率 $\eta \in \left[1/6, \sqrt{3}/6 \right)$ 和 $\eta \in \left[1/2, \sqrt{3}/3 \right)$ 的情况设计的，开关表中均存在局部满足控制要求的电压矢量选择，但与表 3.16 不同的是，表 3.16 是为了中点电位的控制牺牲了部分电流调节能力，而以上两种开关表，即便不考虑中点电位的控制要求，也无法找出其他更优的电压矢量选择，这不是由主观的设计思路造成的，而是由整流器的本身特性造成的，因此三相 Vienna 整流器不宜在这两个电压利用率区间中运行。

4. V_{dc} = 270V(采用表 3.18 的开关表)

当 V_{dc} = 270V 时，$\eta \in \left[\sqrt{3}/3, 2/3 \right]$，在这一电压利用率区间时，每个电流扇区内均有一种电流要求下无电压矢量选择，因此未针对该区间设计开关表，设计整流器时也应避免使电压利用率在这一区间，下面将通过仿真证明这一结论。

在整流器运行稳定后，对交流侧 a 相电流进行了频谱分析，THD = 3.07%

(图 3.20)，交流侧电流滞后电压 6.931°(图 3.21)；负载突变后，输出功率从 3kW 降为 2kW，在运行稳定后对交流侧 a 相电流进行了谐波分析，THD = 5.27% (图 3.22)，突卸负载前后，交流侧电流谐波含量均较大，不满足 DO-160G 标准的要求。图 3.23 是输出电压的仿真结果。

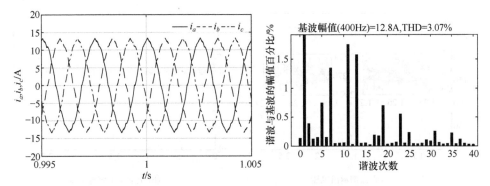

图 3.20　额定负载时的交流侧三相电流波形及 a 相电流对应的谐波含量(V_{dc} = 270V，表 3.18)

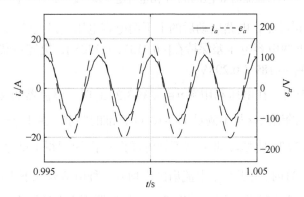

图 3.21　交流侧 a 相电压、电流波形(V_{dc} = 270V，表 3.18)

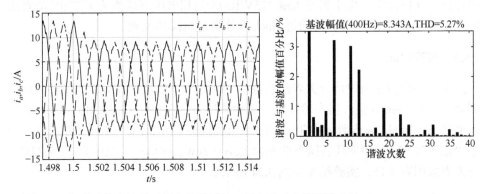

图 3.22　卸载后的交流侧三相电流波形及 a 相电流对应的谐波含量(V_{dc} = 270V，表 3.18)

由图 3.23(a)可见，电路启动后输出电压的超调量为 7.979%(291.544V)，0.383s 后电路运行稳定，稳定后纹波波动保持在[−0.118V, 0.097V]，突卸负载后，电压波动为 3.912V，0.253s 后电路运行稳定，稳定后纹波波动保持在[−0.103V, 0.123V]。

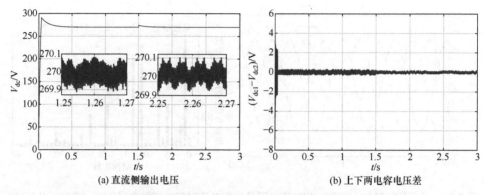

(a) 直流侧输出电压　　　　　　　　(b) 上下两电容电压差

图 3.23　直流侧输出电压和上下两电容电压差(V_{dc} = 270V，表 3.18)

由图 3.23(b)可见，电路启动后的上下两电容电压差最大波动值为−6.908V，在 0.188s 后上下两电容电压差保持在[−0.313V, 0.330V]，突卸负载后，上下两电容电压差保持在[−0.189V, 0.208V]。

上述结果表明，在电压利用率 $\eta \in \left[\sqrt{3}/3, 2/3\right)$ 时，整流器的交流侧电流调节能力不足，电流的谐波含量不满足 DO-160G 标准的要求。由于 $\eta \in [0, 1/6)$ 时的情况与 $\eta \in \left[\sqrt{3}/3, 2/3\right)$ 时类似，此处就不做仿真验证了。可以得出结论，当 $\eta \in [0, 1/6)$ 或 $\eta \in \left[\sqrt{3}/3, 2/3\right)$ 时，由于每个电流扇区内均有一种电流要求下无电压矢量选择，交流侧电流调节能力较差，所以三相 Vienna 整流器不宜在这两个电压利用率区间中运行，在设计中，也未将输入端 115V(RMS)的相电压直接整流至 270V 的直流电压，而是整流至 330V，再通过 Buck 变换器进行降压处理。

3.6.3　实验验证

为进一步验证所设计开关表的有效性，搭建了一台基于 TMS320F28377S 控制器的三相 Vienna 整流器实验样机，实验参数为：$e_{a,b,c}$ = 115V(RMS)/400Hz，输入电感 L = 3mH，输入等效电阻 r = 0.3Ω，直流侧两个电容 C = 2mF，额定输出功率 P_{out1} = 3kW，突卸负载后输出功率为 P_{out2} = 2kW，输出参考电压为 V_{dc} = 330V，开关表采用表 3.15，实验结果如图 3.24 所示。

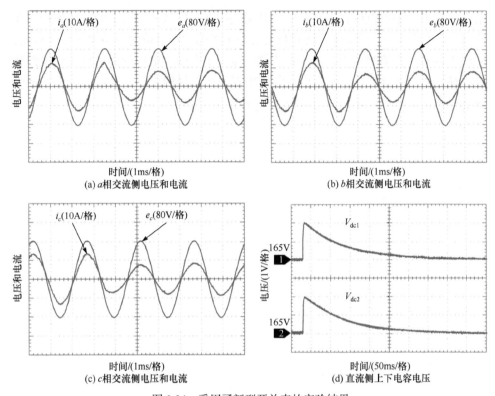

图 3.24　采用了新型开关表的实验结果

图 3.24 为突卸负载前后交流侧电压、电流和直流侧上下电容电压的实验波形，经谐波含量检测，启动后，整流器在运行稳定时交流侧三相电流的 THD 分别为 3.56%、3.02% 和 3.19%；突卸负载后，整流器在运行稳定时交流侧三相电流的 THD 分别为 2.97%、3.12% 和 3.14%，且突卸负载前后的交流侧三相电流谐波含量均符合 DO-160G 的要求，由图 3.24(d)可知电流侧上下电容电压均能够在突卸负载后迅速恢复到参考值 165V，且电压纹波较小。

3.7　本 章 小 结

本章根据 Vienna 整流器在两相同步 dq 坐标系下的数学模型，分析了在不同的电压利用率下各电压矢量对交流侧电流分量 i_d、i_q 和直流侧中点电位的影响；在此基础上，针对 Vienna 整流器中某一电流扇区内电压矢量选择少，无法完全满足由交流侧电流分量 i_d、i_q 和中点电位构成的 8 种调节要求的特点，遵照了优先控制交流侧电流、兼顾控制中点电位的原则，在开关表设计时，以未考虑中点电位的开关表为框架，通过对交流侧电流影响相同、对中点电位影响相反的一对冗余小矢量平衡中点电位，用其代替原开关表中在对应调节要求下的电压矢量。在仿真、实验验证中，将设计的新型开关表与未考虑中点电位的开关表进行了对比，验证了其调节交流侧电流、跟踪直流侧电压、平衡中点电位的快速性、稳定性和鲁棒性；通过仿真验证了不同电压利用率对电压选择的影响，确定了三相 Vienna 整流器稳定工作的电压利用率区间为 $\left[\sqrt{3}/6,1/2\right)$。

第4章 基于模糊幂次趋近律的双闭环滑模
控制策略

4.1 引 言

传统的直接电流控制策略是通过查询开关表调节输入端的瞬时电流实现的[5]，这种方法结构简单，易于实现，第 2 章按照这一方法设计了满足交流侧电流分量 i_d、i_q 和中点电位等控制要求的开关表，取得了较好的控制效果，但这种控制方法也有较为明显的缺点：开关频率不固定，为硬件电路的设计增加了难度，同时也一定程度影响了整流器的电流调节能力。

基于 PWM 的控制方法能够有效解决开关频率不固定的问题[167]，在现有的三相整流器研究中，PI 控制是最常与 PWM 结合的方法[168]。此类方法实现非常简单：通过内外环的 PI 控制器求解期望的电压矢量，再根据 PWM 算出每周期的状态序列和对应的导通时间。然而，传统的 PI 控制器通常只能工作在特定的工作点，当整流器遇到外部扰动或突加突卸负载时，系统性能会有较大下降。与之相比，滑模控制拥有更好的动态性能和鲁棒性能，在参数或负载变化时，该类控制器能够更好地减少系统超调，更快进入稳定状态。文献[169]和[170]分别提出了在两电平整流器的电流内环和功率内环采用滑模控制的方法，有效地提高了系统在负载波动时的瞬态性能。文献[171]提出了一种适用于 Vienna 整流器的双闭环滑模控制方案，将直接功率控制策略与滑模控制相结合，并通过 SVPWM 实现，提高了系统的响应速度和抗干扰能力。

上述滑模控制研究均采用了指数趋近律，该种趋近律可通过调节参数改善趋近过程的动态品质，但由于存在等速趋近项，系统会在滑模面两侧以较高速率来回穿越，造成较大抖振。幂次趋近律是另一种常用的趋近律，该趋近律在到达滑模面的过程中趋近速度会渐变至零，这更有利于消除抖振，缺点是在远离滑模面时趋近速度较小，影响了系统的动态性能。文献[172]将幂次趋近律与指数趋近律结合，组成了一种快速幂次趋近律，一定程度地缓解了上述问题。

为进一步增强趋近速度的调节能力，本章提出一种基于模糊幂次趋近律的滑模控制方法，通过建立模糊规则，使趋近律的幂次能够根据系统状态相应调节，保证其在远离和接近滑模面时均有较高的趋近速度。在此基础上，根据 Vienna 整流器的模型，设计一种基于模糊幂次趋近律的双闭环滑模控制策略，在外环电压控制中分别设计以上下电容电压值与其参考值的误差为状态量的滑模面，以实现稳定输出电压和控制中点电位的目的，并根据功率平衡理论给出内环电流控制需要的参考指令 i_d^*；在内环电流控制中，以 i_d、i_q 与其参考值的误差为状态量设计滑模面，以实现单位功率运行的目的。最后，利用仿真和实验对提出的双闭环滑模控制策略与传统 PI 控制策略进行对比分析，结果表明，前者具有更优的稳态、瞬态和鲁棒性能。

4.2　滑模控制的基本原理

滑模变结构控制(variable structure control with sliding mode)是 20 世纪 50 年代由苏联学者 Emeleyanov 等提出、后经 Utkin 等进一步研究的一种控制方法，其通过设计"滑动模态"，使系统状态按照该滑动模态运动，以此改变系统固定的结构。滑模变结构控制具有响应速度快、鲁棒性强等特点。

滑模变结构控制与其他控制的不同之处在于系统的"结构"并不固定，它是根据系统的当前状态，按照预定"滑动模态"的状态轨迹运动。由于滑动模态可以进行设计且与对象参数及扰动无关，变结构控制具有快速响应、对参数变化及扰动不灵敏、实现简单等优点。采用滑模变结构控制的系统在受到参数摄动和外界干扰时具有不变性，正是这种特性使得滑模变结构控制方法受到各国学者的重视。

滑模控制本质上是一种高速切换的反馈控制方法，能够通过不连续的控制使系统状态轨迹进入一个预先设计好的滑模面，在该滑模面中，系统能够满足包括稳定性在内的某些性能指标要求。由于系统在滑模面内的运动与系统固有参数及外部扰动无关，滑模控制方法具有良好的鲁棒性。

考虑一个仿射非线性系统如下：

$$\boldsymbol{x}(t) = \boldsymbol{f}(\boldsymbol{x},t) + \boldsymbol{B}(\boldsymbol{x},t)\boldsymbol{u}(\boldsymbol{x},t) \tag{4.1}$$

式中，$\boldsymbol{x}(t) \in \mathbf{R}^n$、$\boldsymbol{u}(\boldsymbol{x},t) \in \mathbf{R}^m$ 分别是系统的状态和输入；$\boldsymbol{f}(\boldsymbol{x},t) \in \mathbf{R}^n$、$\boldsymbol{B}(\boldsymbol{x},t) \in \mathbf{R}^{n \times m}$ 为对应维度的连续函数。其滑模面设计如下：

$$\boldsymbol{S} = \{(\boldsymbol{x},t) \in \mathbf{R}^n \times \mathbf{R}^+ \mid S(\boldsymbol{x},t) = 0\} \tag{4.2}$$

式中

$$S(\boldsymbol{x},t) = [S_1(\boldsymbol{x},t), \cdots, S_m(\boldsymbol{x},t)]^{\mathrm{T}} = 0 \tag{4.3}$$

不连续的控制输入为 $\boldsymbol{u}(\boldsymbol{x},t) = [u_1(\boldsymbol{x},t), \cdots, u_m(\boldsymbol{x},t)]^{\mathrm{T}}$，其按照如下方式切换：

$$u_i(\pmb{x},t) = \begin{cases} u_i^+(\pmb{x},t), & S_i(\pmb{x},t) > 0 \\ u_i^-(\pmb{x},t), & S_i(\pmb{x},t) < 0 \end{cases} \tag{4.4}$$

如式(4.4)所示，控制量将根据滑模面的方向在 u_i^+ 和 u_i^- 之间切换。

4.2.1　滑模控制的三要素

在滑模控制的闭环系统中，系统运动分为趋近运动和滑模运动，在趋近运动阶段，系统轨迹由初状态接近直至到达滑模面；在滑模运动阶段，系统轨迹保持在滑模面内并向期望平衡点运动。因此，滑模控制的设计分为两方面：一是滑模面的设计，保证滑动系统必须满足稳定性条件，同时保证系统在该滑模面上取得期望的动态性能；二是控制律的设计，保证系统轨迹能够在有限时间内进入滑模面。综合起来，滑模控制需要满足如下三个条件。

1) 滑模(滑动模态)的存在性条件

系统到达滑模面后，能够保持在滑模面上运动，即实现滑模运动，所以滑动模态区上的点都必须是终止点，当运动点到切换面 $S = 0$ 附近时，有

$$\lim_{S \to 0} S\dot{S} < 0 \tag{4.5}$$

式(4.5)为滑模存在的充分条件。

2) 滑模的可达性条件

当系统的初始点不在滑模面附近时，也要求系统能够趋近滑模面运动，即需要满足可达性条件，将式(4.5)的极限符号去掉可得

$$S\dot{S} < 0 \tag{4.6}$$

式(4.6)表明状态空间内的任意点将趋近滑模面运动，称为广义滑模的存在性条件。显然，系统满足广义滑模条件必然同时满足滑模存在性和可达性条件。

3) 滑模运动的稳定性条件

对于通常的控制系统设计，滑模运动必须是渐近稳定的，即滑动系数的设计需满足稳定性条件。

4.2.2　削弱抖振的方法

理想的滑模运动需要无限大的切换频率，才能使系统轨迹一直保持在滑模面上，呈现一道光滑的轨迹。在实际系统中，无限大的切换频率是无法实现的，而有限的切换频率会使滑模面上产生一个锯齿形的轨迹，使系统不停地在滑模面两侧的邻域内振荡，称为抖振。抖振的出现将使控制精度变差，电路的热损耗增加，严重时甚至将影响系统稳定性。目前，常用来消除抖振的方法如下。

(1) 添加边界层[173]。在滑模面两侧引入边界层，在该边界层之外是不连续的

控制量，在该边界层内是连续的控制量，具体设计如下：

$$\mathrm{sat}(S_i(\boldsymbol{x},t)) = \begin{cases} 1, & S_i > L \\ \dfrac{S_i}{L}, & |S_i| < L \\ -1, & S_i < -L \end{cases} \tag{4.7}$$

式中，L 是边界层的宽度。

（2）添加渐近观测器[174]。由于抖振主要是由控制律的切换造成的，渐近观测器可以作为高频元件的旁路减小抖振。

（3）调节趋近律[175, 176]。选择合适的滑模趋近律并通过调节参数可以有效减小抖振，以下是四种典型的趋近律。

①等速趋近律：

$$\dot{S}_1 = -\varepsilon \,\mathrm{sgn}(S_1), \quad \varepsilon > 0 \tag{4.8}$$

式中，sgn 是符号函数；ε 是趋近速度，表示系统的运动点趋近切换面 $S = 0$ 的速度，通过改变 ε 的值，可以调节趋近速度。该控制律方法简单，但是运动点会在切换面两边大幅度地来回穿越，造成较大的抖振。

②指数趋近律：

$$\dot{S}_2 = -\varepsilon \,\mathrm{sgn}(S_2) - k S_2, \quad \varepsilon > 0, k > 0 \tag{4.9}$$

式中，$\dot{S}_2 = -k S_2$ 是指数趋近项，其解为 $S_2 = S_2(0)\mathrm{e}^{-kt}$。由于该趋近律中添加了指数趋近项，当 S_2 较大时，趋近速度较大；当 S_2 较小时，趋近速度较小，从而保证了系统以较小的速度穿过切换面，有效地削弱了抖振。

在指数趋近律中，为保证在收敛速度快速的同时削弱抖振，应在增大 k 的同时减小 ε。

③幂次趋近律：

$$\dot{S}_3 = -k |S_3|^{\rho} \,\mathrm{sgn}(S_3), \quad k > 0, 0 < \rho < 1 \tag{4.10}$$

在幂次趋近律中，通过选择合适的 k 和 ρ，可达到和指数趋近律同样的效果。

④一般趋近律：

$$\dot{S}_4 = -\varepsilon \,\mathrm{sgn}(S_4) - f(S_4), \quad \varepsilon > 0 \tag{4.11}$$

式中，$f(0) = 0$，且当 $S_4 \neq 0$ 时，$S_4 f(0) > 0$。一般趋近律和 $f(S_4)$ 的选取有很大关系，通常在选取 $f(S_4)$ 时要保证在远离切换面时有较大的趋近速度，接近切换面时速度降低。

以下通过仿真，具体分析等速趋近律($\dot{S}_1$)、指数趋近律($\dot{S}_2$)和幂次趋近律($\dot{S}_3$)的抖振情况，其中

$$\dot{S}_1 = -5\operatorname{sgn}(S_1)$$
$$\dot{S}_2 = -5\operatorname{sgn}(S_2) - 5S_2 \qquad (4.12)$$
$$\dot{S}_3 = -2|S_3|^{0.5}\operatorname{sgn}(S_3)$$

令初始条件为 $S(0) = 10$ ，仿真结果如图 4.1 和图 4.2 所示。

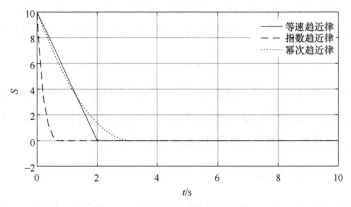

图 4.1　S 的变化曲线

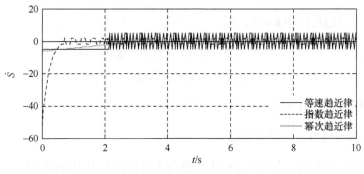

图 4.2　$\dot{S}$ 的变化曲线

由图 4.1 和图 4.2 的变化曲线得出：等速趋近律的速度不随状态发生变化，由趋近律参数 ε 决定，该趋近律出现了较为严重的抖振；指数趋近律由于加入了指数项，在远离滑动模态阶段速度加快，收敛时间缩短，但其含有常数项，抖振难以消除；幂次趋近律由于在接近滑动模态时速度放缓，有效削弱了抖振，但在快速趋近方面存在不足；这是由于在幂次趋近律 $\dot{S}_3 = -k|S_3|^{\rho}\operatorname{sgn}(S_3)$ 中，$0 < \rho < 1$ ，当 $|S_3| > 1$ 时收敛速度较慢，如果取 $\rho > 1$ ，又会出现当 $|S_3| < 1$ 时收敛速度较慢的情况。

4.3　各种新型幂次趋近律的设计方法

4.3.1　双幂次趋近律

在幂次趋近律中，根据 ρ 的不同取值，系统状态在 $|S|>1$ 或 $|S|<1$ 时，收敛速度较慢。根据该问题，文献[176]提出了一种双幂次趋近律，其表达式如下：

$$\dot{S} = -k_1|S|^{\alpha}\operatorname{sgn}(S) - k_2|S|^{\beta}\operatorname{sgn}(S) \tag{4.13}$$

式中，$\alpha>1$，$0<\beta<1$，$k_1>0$，$k_2>0$。当 $|S|>1$ 时，$-k_1|S|^{\alpha}\operatorname{sgn}(S)$ 起主导作用；当 $|S|<1$ 时，$-k_2|S|^{\beta}\operatorname{sgn}(S)$ 起主导作用，将这两项线性组合后，提高了趋近滑模模态过程中的运动品质，有效地缩短了收敛时间。

1. 存在性及可达性的证明

定理 4.1　系统状态 S 能够在滑模趋近律 $\dot{S}=-k|S|^{\rho}\operatorname{sgn}(S)(k>0)$ 作用下达到平衡点 $S=0$。

证明　该趋近律中 $k>0$，则

$$\begin{aligned}\dot{S}S &= [-k_1|S|^{\alpha}\operatorname{sgn}(S) - k_2|S|^{\beta}\operatorname{sgn}(S)]S \\ &= -k_1|S|^{\alpha+1} - k_2|S|^{\beta+1} < 0\end{aligned} \tag{4.14}$$

因此滑动模态可在有限时间内到达平衡零点。

2. 滑模到达时间有界的证明

下面假设系统初始状态 $S(0)>1$，分两个阶段进行有限时间 t 的计算。

(1) $S(0)\to S=1$。此时，因为 $\alpha>1$，$0<\beta<1$，所以式(4.14)中第一项起主导作用，远大于第二项的作用，从而可以忽略第二项的影响。由式(4.14)可得

$$\dot{S} = -k_1|S|^{\alpha}\operatorname{sgn}(S) \tag{4.15}$$

对式(4.15)两边积分，可得

$$S^{1-\alpha} = -(1-\alpha)k_1 t + S(0)^{1-\alpha} \tag{4.16}$$

由此可计算得到 $\sigma(0)\to\sigma=1$ 所需时间为

$$t_1 = \frac{1 - S(0)^{1-\alpha}}{k_1(\alpha-1)} \tag{4.17}$$

(2) $S=1 \to S=0$。同样，因为 $\alpha>1$，$0<\beta<1$，所以式(4.14)中第二项起主导作用，远大于第一项的作用，从而可以忽略第一项的影响。由式(4.14)可得

$$\dot{S} = -k_2 |S|^\beta \operatorname{sgn}(S) \tag{4.18}$$

对式(4.18)两边积分，可得

$$S^{1-\beta} = -(1-\beta)k_2 t + 1 \tag{4.19}$$

由此可计算得到 $S=1 \to S=0$ 所需时间为

$$t_2 = \frac{1}{k_2(1-\beta)} \tag{4.20}$$

以此收敛时间为两个趋近阶段各收敛时间的总和，即

$$t' = t_1 + t_2 = \frac{1-S(0)^{1-\alpha}}{k_1(\alpha-1)} + \frac{1}{k_2(1-\beta)} \tag{4.21}$$

当 $S(0)<-1$ 时，同样可以分两个阶段进行收敛时间的研究。此时，系统状态收敛时间为

$$t' = t_1 + t_2 = \frac{1-S(0)^{1-\alpha}}{k_1(\alpha-1)} + \frac{1}{k_2(1-\beta)} \tag{4.22}$$

与式(4.21)相同。进一步，由式(4.14)可知，当 $S=0$ 时，$\dot{S}=0$。

需要注意的是，收敛时间 t 是系统初始状态的连续函数，因为在求取收敛时间时忽略了次要因素，所以实际收敛时间小于式(4.22)。

同时，当 $S=0$ 时，$\dot{S}=0$，因此当状态达到滑动模态时，速度减小为零，与滑动模态实现了光滑过渡，大大削弱了系统抖振。适当增大参数 k_1 和 α 可以加快远离滑动模态时的趋近速度。同理，适当增大参数 k_2 和 β 可以加快接近滑动模态时的趋近速度。

实际上，对滑模到达时间有界的证明，也可通过以下引理实现。

引理 4.1[177]　若连续的径向无界函数 $V(x):\mathbf{R}^n \to \mathbf{R}_+ \cup \{0\}$ 满足以下条件：① $V(0)=0$，原点是全局有限时间收敛平衡点；② $\exists\, 0<\mu<1, v>0, r_\mu>0, r_v>0$，满足式(4.23)：

$$\dot{V} \leqslant \begin{cases} -r_\mu V^{1-\mu}, & V \leqslant 1 \\ -r_v V^{1+v}, & V \geqslant 1 \end{cases} \tag{4.23}$$

则原点是全局固定时间收敛的平衡点，且最大收敛时间 $T_{\max}$ 满足

$$T_{\max} \leqslant \frac{1}{\mu r_\mu} + \frac{1}{v r_v} \tag{4.24}$$

定理 4.2　系统(4.13)状态 S 和 $\dot{S}$ 将在固定时间 $T_{\max}$ 内收敛到零，即在有限收敛时间 T 后有 $S=\dot{S}=0$，且收敛时间 T 存在与状态初值 $S(0)$ 无关的上界 $T_{\max}$，有

$$T_{\max} \leqslant \frac{1}{\mu r_{\mu}} + \frac{1}{\nu r_{\nu}} \tag{4.25}$$

证明　由于有且仅有 $S=0$，使 $\dot{S}=0$，$S=0$ 为系统唯一平衡点。选取 Lyapunov 函数 $V=S^2$，对时间求导得

$$
\begin{aligned}
\dot{V} &= 2S[-k_1|S|^{\alpha}\mathrm{sgn}(S) - k_2|S|^{\beta}\mathrm{sgn}(S)]\\
&= -2k_1|S|^{\alpha+1} - 2k_2|S|^{\beta+1}\\
&= -2k_1 V^{(\alpha+1)/2} - 2k_2 V^{(\beta+1)/2}\\
&= -2k_1 V^{1+(\alpha-1)/2} - 2k_2 V^{1-(1-\beta)/2}
\end{aligned}
\tag{4.26}
$$

因此有

$$
\dot{V} \leqslant
\begin{cases}
-2k_2 V^{1-(1-\beta)/2}, & V \leqslant 1\\
-2k_1 V^{1+(\alpha-1)/2}, & V \geqslant 1
\end{cases}
\tag{4.27}
$$

令 $\mu=(1-\beta)/2$，$\nu=(\alpha-1)/2$，$r_{\mu}=2k_2$，$r_{\nu}=2k_1$，可得式(4.27)满足引理 4.1 的条件，收敛时间上界为 $1/\left[k_1(\alpha-1)\right]+1/\left[k_2(1-\beta)\right]$，与初始状态无关，定理 4.2 得证。

4.3.2　多幂次趋近律

文献[178]设计了一种多幂次滑模趋近律：

$$\dot{S} = -k_1|S|^{\alpha}\mathrm{sgn}(S) - k_2|S|^{\beta}\mathrm{sgn}(S) - k_3|S|^{\gamma}\mathrm{sgn}(S) - k_4 S \tag{4.28}$$

式中，$k_1>0$，$k_2>0$，$k_3>0$，$k_4>0$，$\alpha>1$，$0<\beta<1$，γ 的取值情况为

$$
\gamma =
\begin{cases}
\max\{\alpha,|S|\}, & |S| \geqslant 1\\
\min\{\beta,|S|\}, & |S| < 1
\end{cases}
\tag{4.29}
$$

由指数函数性质可知，当系统状态满足条件 $|S|<1$ 时，趋近律(4.28)主要受 $-k_2|S|^{\beta}\mathrm{sgn}(S) - k_3|S|^{\gamma}\mathrm{sgn}(S)$ 的影响；当系统状态满足条件 $|S|\geqslant 1$ 时，趋近律(4.28)主要受 $-k_1|S|^{\alpha}\mathrm{sgn}(S) - k_4 S$ 影响。γ 按式(4.29)取值可保证系统在状态满足 $|S|>\alpha$ 或 $|S|<\alpha$ 时自适应地改变趋近律中的指数参数，从而获得较快的收敛速率。

1. 存在性和可达性的证明

定理 4.3　对于滑模趋近律(4.28)，系统状态 S 在其作用下可达到平衡点 $S=0$。

证明　根据式(4.28)可得到关系式:

$$S\dot{S} = -k_1|S|^{\alpha+1}\mathrm{sgn}(S) - k_2|S|^{\beta+1}\mathrm{sgn}(S) - k_3|S|^{\gamma+1}\mathrm{sgn}(S) - k_4 S^2 \leqslant 0 \quad (4.30)$$

当且仅当 $S=0$ 时, 有 $S\dot{S}=0$。

根据连续系统滑模趋近律存在且可达性条件, 若满足 $S\dot{S}\leqslant 0$, 则所设计的滑模趋近律为存在且可达, 即系统状态 S 在趋近律(4.28)作用下可达到平衡点 $S=0$。

2. 滑模达到时间有界的证明

定理 4.4　设 S 初始状态为 S_0, 则采用滑模趋近律(4.28)对应的系统到达滑模面的时间小于 $T_1+T_2+T_3+T_4$, 其中 T_1、T_2、T_3、T_4 分别为

$$
\begin{aligned}
T_1 &= \frac{1}{(1-\alpha)k_4}\left[\ln\left(\alpha^{1-\alpha}+\frac{k_1}{k_4}\mathrm{sgn}(S_0)\right)-\ln(\alpha^{1-\alpha})+\frac{k_1}{k_4}\mathrm{sgn}(S_0)\right]\\
T_2 &= \frac{1}{(1-\alpha)k_4}\left[\ln\left(1+\frac{k_1+k_3}{k_4}\mathrm{sgn}(S_0)\right)-\ln\left(\alpha^{1-\alpha}+\frac{k_1+k_3}{k_4}\mathrm{sgn}(S_0)\right)\right]\\
T_3 &= \frac{1}{(\beta-1)k_4}\left[\ln\left(\beta^{1-\beta}+\frac{k_2}{k_4}\mathrm{sgn}(S_0)\right)-\ln\left(1+\frac{k_1}{k_4}\mathrm{sgn}(S_0)\right)\right]\\
T_4 &= \frac{1}{(\beta-1)k_4}\left[\ln\left(1+\frac{k_2+k_3}{k_4}\mathrm{sgn}(S_0)\right)-\ln\left(\beta^{1-\beta}+\frac{k_2+k_3}{k_4}\mathrm{sgn}(S_0)\right)\right]
\end{aligned}
\quad (4.31)
$$

证明　不妨设 $S_0 > \alpha > 1$, 将系统的趋近过程分为四个阶段, 分别如下所述。

1) 系统从 S_0 到达 $S(t_1)=\alpha$

由于 $\alpha>1$, $0<\beta<1$, $\gamma=\max\{\alpha,|S|\}$, 则 $k_1|S|^{\alpha}\mathrm{sgn}(S)+k_3|S|^{\gamma}\mathrm{sgn}(S) > k_2|S|^{\beta}\mathrm{sgn}(S)$, 尤其当参数满足 $k_1|S|^{\alpha-\beta}+k_3|S|^{\gamma-\beta}>10k_2$ 时, 有

$$k_1|S|^{\alpha}\mathrm{sgn}(S)+k_3|S|^{\gamma}\mathrm{sgn}(S) \gg k_2|S|^{\beta}\mathrm{sgn}(S) \quad (4.32)$$

成立, 此阶段趋近速率主要受 $-k_1|S|^{\alpha}\mathrm{sgn}(S)-k_3|S|^{\gamma}\mathrm{sgn}(S)$ 影响, 则趋近律(4.28)可写为

$$\dot{S} = -k_1 S^{\alpha} - k_3 S^{\gamma} - k_4 S \quad (4.33)$$

下面将求解式(4.33), 含有两个幂次项的方程求解具有一定难度, 故将其考虑为 $\dot{S}+k_4 S=-k_1 S^{\alpha}$ 及 $\dot{S}+k_4 S=-k_3 S^{\gamma}$ 两个方程分别求解, 由于 $\dot{S}+k_4 S=-k_1 S^{\alpha}$ 及 $\dot{S}+k_4 S=-k_3 S^{\gamma}$ 的解分别表示系统仅受 $-k_1|S|^{\alpha}\mathrm{sgn}(S)$ 及仅受 $-k_3|S|^{\gamma}\mathrm{sgn}(S)$ 的影响情况下所需要的趋近时间, 因此趋近时间一定小于两方程解中的任一值。求解 $\dot{S}+$

$k_4 S = -k_1 S^{\alpha}$ 的具体过程如下：

$$S^{-\alpha} \frac{\mathrm{d}S}{\mathrm{d}t} + k_4 S^{1-\alpha} = -k_1 \tag{4.34}$$

设中间变量 $y = S^{1-\alpha}$，则式(4.34)可写为

$$\frac{\mathrm{d}y}{\mathrm{d}t} + (1-\alpha)k_4 y = -(1-\alpha)k_1 \tag{4.35}$$

对于一阶线性非齐次方程(4.35)，常用变易法来求解，令 $y = u(t)\mathrm{e}^{-\int (1-\alpha)k_4 \mathrm{d}t}$，其中 $u = u(t)$ 为 t 的连续函数，代入式(4.35)中得到

$$\frac{\mathrm{d}u}{\mathrm{d}t} = -(1-\alpha)k_1 \mathrm{e}^{-\int (1-\alpha)k_4 \mathrm{d}t} \tag{4.36}$$

对式(4.36)两边积分可得

$$u = -\int (1-\alpha)k_1 \mathrm{e}^{-\int (1-\alpha)k_4 \mathrm{d}t} \mathrm{d}t + c_1 \tag{4.37}$$

式中，c_1 为常数，则可求得式(4.35)的解为

$$\begin{aligned}
y &= \left[-\int (1-\alpha)k_1 \mathrm{e}^{-\int (1-\alpha)k_4 \mathrm{d}t} \, \mathrm{d}t + c_1 \right] \mathrm{e}^{-\int (1-\alpha)k_4 \mathrm{d}t} \\
&= c_1 \mathrm{e}^{-\int (1-\alpha)k_4 \mathrm{d}t} - \frac{k_1 \mathrm{e}^{-\int (1-\alpha)k_4 \mathrm{d}t}}{k_4} \mathrm{e}^{-\int (1-\alpha)k_4 \mathrm{d}t} \\
&= c_1 \mathrm{e}^{-\int (1-\alpha)k_4 \mathrm{d}t} - \frac{k_1}{k_4}
\end{aligned} \tag{4.38}$$

由于 $y = S^{1-\alpha}$，则有

$$S^{1-\alpha} = c_1 \mathrm{e}^{-\int (1-\alpha)k_4 \mathrm{d}t} - \frac{k_1}{k_4} \tag{4.39}$$

由于 $t = 0$ 时，$S = S_0$，则可求得常数 c_1 为

$$c_1 = S_0^{1-\alpha} \frac{k_1}{k_4} \tag{4.40}$$

结合式(4.39)和式(4.40)，可求出式(4.34)的解为

$$t = \frac{1}{(1-\alpha)k_4} \left\{ \ln\left(S^{1-\alpha} + \frac{k_1}{k_4} \right) - \ln\left(S_0^{1-\alpha} + \frac{k_1}{k_4} \right) \right\} \tag{4.41}$$

则由 S_0 到达 $S(t_1)$ 所需时间为

$$t_1 = \frac{1}{(1-\alpha)k_4}\left\{\ln\left(\alpha^{1-\alpha} + \frac{k_1}{k_4}\right) - \ln\left(S_0^{1-\alpha} + \frac{k_1}{k_4}\right)\right\} \tag{4.42}$$

因此，系统由 S_0 到达 $S(t_1)$ 所需时间小于 t_1。

2）系统从 $S(t_1)=\alpha$ 到达 $S(t_2)=1$

趋近律(4.28)可写成

$$\dot{S} = -k_1|S|^\alpha\,\mathrm{sgn}(S) - k_3|S|^\gamma\,\mathrm{sgn}(S) - k_4 S \tag{4.43}$$

这一阶段由于 $|S|<\alpha$，因此有 $\gamma=\alpha$，则式(4.43)可写为

$$\dot{S} + k_4 S = -(k_1+k_3)|S|^\alpha\,\mathrm{sgn}(S) \tag{4.44}$$

对应的趋近时间可由上一阶段推导过程得出，所需时间为

$$t = \frac{1}{(1-\alpha)k_4}\left\{\ln\left(S^{1-\alpha} + \frac{k_1+k_3}{k_4}\right) - \ln\left(\alpha^{1-\alpha} + \frac{k_1}{k_4}\right)\right\} \tag{4.45}$$

可以得出，系统由 $S(t_1)=\alpha$ 到达 $S(t_2)=1$ 所需的时间为

$$t_2 = \frac{1}{(1-\alpha)k_4}\left\{\ln\left(1 + \frac{k_1+k_3}{k_4}\right) - \ln\left(\alpha^{1-\alpha} + \frac{k_1+k_3}{k_4}\right)\right\} \tag{4.46}$$

因此，系统由 $S(t_1)$ 到达 $S(t_2)=1$ 所需时间小于 t_2。

3）系统从 $S(t_2)=1$ 到达 $S(t_3)=\beta$

由于 $\alpha>1$，$0<\beta<1$，$\gamma=\min\{\beta,|S|\}$，则 $k_3|S|^\gamma\,\mathrm{sgn}(S)+k_2|S|^\beta\,\mathrm{sgn}(S)>k_1|S|^\alpha\,\mathrm{sgn}(S)$，尤其当参数满足 $k_3|S|^{\gamma-\alpha}+k_2|S|^{\beta-\alpha}>10k_1$ 时，有

$$k_3|S|^\gamma\,\mathrm{sgn}(S)+k_2|S|^\beta\,\mathrm{sgn}(S) \gg k_1|S|^\alpha\,\mathrm{sgn}(S) \tag{4.47}$$

成立，此阶段趋近律速率主要受 $-k_3|S|^\gamma\,\mathrm{sgn}(S) - k_2|S|^\beta\,\mathrm{sgn}(S)$ 影响，则趋近律(4.28)可写为

$$\dot{S} = -k_2|S|^\beta - k_3|S|^\gamma - k_4 S \tag{4.48}$$

下面求解式(4.48)，同样将其考虑为 $\dot{S}+k_4 S = -k_2 S^\beta$ 及 $\dot{S}+k_4 S = -k_3|S|^\gamma$ 两个方程分别求解，由于 $\dot{S}+k_4 S = -k_2 S^\beta$ 及 $\dot{S}+k_4 S = -k_3|S|^\gamma$ 的解分别表示系统仅受 $-k_2|S|^\beta\,\mathrm{sgn}(S)$ 及仅受 $-k_3|S|^\gamma\,\mathrm{sgn}(S)$ 的影响情况下所需要的趋近时间，因此趋近时间一定小于两方程解中的任一值。求解 $\dot{S}+k_4 S = -k_2 S^\beta$ 的具体过程如下：

$$S^{1-\beta} = c_2 e^{-(1-\beta)k_4 t} - \frac{k_2}{k_4} \tag{4.49}$$

式中，当 $t=0$ 时，$S=1$，则可求得常数 c_2 为

$$c_2 = 1 + \frac{k_2}{k_4} \tag{4.50}$$

结合式(4.49)和式(4.50)，可求得趋近时间为

$$t = \frac{1}{(\beta-1)k_4}\left\{ \ln\left(S^{1-\beta} + \frac{k_2}{k_4} \right) - \ln\left(1 + \frac{k_2}{k_4} \right) \right\} \tag{4.51}$$

则系统由 $S(t_2)=1$ 到达 $S(t_3)=\beta$ 所需的时间为

$$t_3 = \frac{1}{(\beta-1)k_4}\left\{ \ln\left(\beta^{1-\beta} + \frac{k_2}{k_4} \right) - \ln\left(1 + \frac{k_2}{k_4} \right) \right\} \tag{4.52}$$

因此，系统由 $S(t_2)=1$ 到达 $S(t_3)=\beta$ 所需的时间小于 t_3。

4) 系统从 $S(t_3)=\beta$ 到达 $S(t_4)=0$

趋近律(4.28)可写为

$$\dot{S} = -k_2|S|^{\beta}\mathrm{sgn}(S) - k_3|S|^{\gamma}\mathrm{sgn}(S) - k_4 S \tag{4.53}$$

这一阶段由于 $|S|>\beta$，因此有 $\gamma=\beta$，则式(4.43)可写为

$$\dot{S} + k_4 S = -(k_2 + k_3)|S|^{\beta}\mathrm{sgn}(S) \tag{4.54}$$

对应的趋近时间可由上一阶段推导过程得出，所需时间为

$$t = \frac{1}{(\beta-1)k_4}\left\{ \ln\left(S^{1-\beta} + \frac{k_2+k_3}{k_4} \right) - \ln\left(\beta^{1-\beta} + \frac{k_2+k_3}{k_4} \right) \right\} \tag{4.55}$$

则系统由 $S(t_3)=\beta$ 到达 $S(t_4)=0$ 所需的时间为

$$t_4 = \frac{1}{(\beta-1)k_4}\left\{ \ln\left(1 + \frac{k_2+k_3}{k_4} \right) - \ln\left(\beta^{1-\beta} + \frac{k_2+k_3}{k_4} \right) \right\} \tag{4.56}$$

因此，系统由 $S(t_3)=\beta$ 到达 $S(t_4)=0$ 所需时间小于 t_4。

此外，若 $S_0 < -\alpha < -1$，则系统由 S_0 到达 $S(t_4^*)=0$ 所需的时间小于 $t_1^* + t_2^* + t_3^* + t_4^*$，其中

$$t_1^* = \frac{1}{(1-\alpha)k_4}\left[\ln\left(\alpha^{1-\alpha} - \frac{k_1}{k_4} \right) - \ln\left(S_0^{1-\alpha} + \frac{k_1}{k_4} \right) \right] \tag{4.57}$$

$$t_2^* = \frac{1}{(1-\alpha)k_4}\left[\ln\left(1 - \frac{k_1+k_3}{k_4} \right) - \ln\left(\alpha^{1-\alpha} - \frac{k_1+k_3}{k_4} \right) \right] \tag{4.58}$$

$$t_3^* = \frac{1}{(\beta-1)k_4}\left[\ln\left(\beta^{1-\beta}+\frac{k_2}{k_4}\right)-\ln\left(1+\frac{k_2}{k_4}\right)\right] \qquad (4.59)$$

$$t_4^* = \frac{1}{(\beta-1)k_4}\left[\ln\left(1-\frac{k_2+k_3}{k_4}\right)-\ln\left(\beta^{1-\beta}-\frac{k_2+k_3}{k_4}\right)\right] \qquad (4.60)$$

因此，将式(4.42)与式(4.57)、式(4.46)与式(4.58)、式(4.52)与式(4.59)、式(4.56)与式(4.60)整理合并，可得如下等式：

$$
\left.
\begin{aligned}
T_1 &= \frac{1}{(1-\alpha)k_4}\left[\ln\left(\alpha^{1-\alpha}+\frac{k_1}{k_4}\mathrm{sgn}(S_0)\right)-\ln\left(S_0^{1-\alpha}+\frac{k_1}{k_4}\mathrm{sgn}(S_0)\right)\right] \\
T_2 &= \frac{1}{(1-\alpha)k_4}\left[\ln\left(1+\frac{k_1+k_3}{k_4}\mathrm{sgn}(S_0)\right)-\ln\left(\alpha^{1-\alpha}+\frac{k_1+k_3}{k_4}\mathrm{sgn}(S_0)\right)\right] \\
T_3 &= \frac{1}{(\beta-1)k_4}\left[\ln\left(\beta^{1-\beta}+\frac{k_2}{k_4}\mathrm{sgn}(S_0)\right)-\ln\left(1+\frac{k_1}{k_4}\mathrm{sgn}(S_0)\right)\right] \\
T_4 &= \frac{1}{(\beta-1)k_4}\left[\ln\left(1+\frac{k_2+k_3}{k_4}\mathrm{sgn}(S_0)\right)-\ln\left(\beta^{1-\beta}+\frac{k_2+k_3}{k_4}\mathrm{sgn}(S_0)\right)\right]
\end{aligned}
\right\} \qquad (4.61)
$$

综上所述，滑模趋近律(4.28)对应的系统到达滑模面的时间小于 $T_1+T_2+T_3+T_4$。

4.3.3　变指数幂次趋近律

文献[179]设计了一种变指数幂次趋近律：

$$\dot{S} = -k_1 S - k_2 |S|^{\lambda}\mathrm{sgn}(S) \qquad (4.62)$$

λ 的取值为

$$\lambda = \begin{cases} \alpha, & |S|<1 \\ |S|, & |S|\geqslant 1 \end{cases} \qquad (4.63)$$

式中，$k_1>0$，$k_2>0$，$0<\alpha<1$。

由于加入了变指数幂次项，系统在 $|S|<1$ 或 $|S|\geqslant 1$ 时，通过在不同阶段分别得到较快的收敛速率。在[0,1]范围内，趋近律的形式蜕变为双幂次组合函数趋近律的形式，有较快收敛速度。在其他范围又有变幂次趋近律的快速趋近特性，具有一定的优越性。

1. 存在性和可达性的证明

定理 4.5　对于滑模趋近律(4.62)，系统状态 S 在其作用下可达到平衡点 $S=0$。

证明　根据式(4.62)可得到关系式

$$S\dot{S} = -k_1 S^2 - k_2 |S|^{\lambda+1} \leqslant 0 \tag{4.64}$$

当且仅当 $S=0$ 时，有 $S\dot{S}=0$。

根据连续系统滑模趋近律存在且可达性条件，若满足 $S\dot{S} \leqslant 0$，则所设计的滑模趋近律为存在且可达的，即系统状态 S 在趋近律(4.62)作用下可达到平衡点 $S=0$。

2. 滑模达到时间有界的证明

定理 4.6　设 S 初始状态为 S_0，则采用滑模趋近律(4.62)对应的系统到达滑模面的时间小于 $T_1 + T_2$，其中 T_1、T_2 分别为

$$T_1 = \frac{1}{-(1-S_0)k_1}\left[\ln\left(1 + \frac{k_2}{k_1}\mathrm{sgn}(S_0)\right) - \ln\left(S_0^{1-S_0} + \frac{k_2}{k_1}\mathrm{sgn}(S_0)\right)\right]$$
$$T_2 = \frac{1}{-(1-\alpha)k_1}\left[\ln\left(\frac{k_2}{k_1}\mathrm{sgn}(S_0)\right) - \ln\left(1 + \frac{k_2}{k_1}\mathrm{sgn}(S_0)\right)\right] \tag{4.65}$$

证明　当 $S>0$ 时，$\dot{S} = -k_1 S - k_2 S^{\lambda}$。

假设初始状态条件满足 $S(0) = S_0 > 1$，趋近过程可分为两个阶段进行分析。

1) 系统从初始状态 S_0 到达 $S=1$

此时趋近律可写为

$$\dot{S} = -k_1 S - k_2 S^S \tag{4.66}$$

为求解式(4.66)，考虑方程

$$\dot{S} = -k_1 S - k_2 S^{S_0} \tag{4.67}$$

两个方程的解表示系统仅受 $-k_2 S^S \mathrm{sgn}(S)$ 和 $-k_2 S^{S_0}\mathrm{sgn}(S)$ 影响情况下的趋近时间，趋近时间小于方程(4.66)和方程(4.78)解中的较小值，由

$$\dot{S} + k_1 S + k_2 S^{S_0} = 0 \tag{4.68}$$

可得

$$S^{-S_0}\frac{\mathrm{d}S}{\mathrm{d}t} + k_1 S^{1-S_0} + k_2 = 0 \tag{4.69}$$

令 $y = S^{1-S_0}$，有

$$\frac{\mathrm{d}y}{\mathrm{d}t} + (1-S_0)k_1 y = -(1-S_0)k_2 \tag{4.70}$$

求解上述一阶线性微分方程，可得

$$y = e^{-\int (1-S_0)k_1 dt}\left(C + \int -(1-S_0)k_2 e^{\int (1-S_0)k_1 dt}\, dt \right) = Ce^{-(1-S_0)k_1 t} - k_2/k_1 = S^{1-S_0} \quad (4.71)$$

由 $S(0) = S_0$，求出常数

$$C = k_2/k_1 + S_0^{1-S_0} \quad (4.72)$$

结合式(4.71)和式(4.72)，可得趋近时间为

$$t = \frac{1}{-(1-S_0)k_1}\left[\ln\left(S^{1-S_0} + \frac{k_2}{k_1} \right) + \ln\left(S_0^{1-S_0} + \frac{k_2}{k_1} \right) \right] \quad (4.73)$$

求得由 S_0 到达 $S=1$ 的时间为

$$t_1 = \frac{1}{-(1-S_0)k_1}\left[\ln\left(1 + \frac{k_2}{k_1} \right) - \ln\left(S_0^{1-S_0} + \frac{k_2}{k_1} \right) \right] \quad (4.74)$$

由前所述，系统由 S_0 到达 $S=1$ 所需时间小于 t_1。

2) 系统从初始状态 $S=1$ 到达 $S=0$

此时 $\dot{S} = -k_1 S - k_2 S^{\lambda}$，$0 < \alpha < 1$。

根据对应的趋近时间，同理计算可得

$$t_2 = \frac{1}{-(1-\alpha)k_1}\left[\ln\frac{k_2}{k_1} - \ln\left(1 + \frac{k_2}{k_1} \right) \right] \quad (4.75)$$

综合上述两阶段收敛情况，在 $S>0$ 时，系统由初始状态 S_0 到达 $S=0$ 的时间应小于上述两阶段所需时间之和 $t_1 + t_2$。

结合考虑 $S<0$ 的情况，收敛时间可写为

$$T_1 = \frac{1}{-(1-S_0)k_1}\left[\ln\left(1 + \frac{k_2}{k_1}\mathrm{sgn}(S_0) \right) - \ln\left(S_0^{1-S_0} + \frac{k_2}{k_1}\mathrm{sgn}(S_0) \right) \right] \quad (4.76)$$

$$T_2 = \frac{1}{-(1-\alpha)k_1}\left[\ln\left(\frac{k_2}{k_1}\mathrm{sgn}(S_0) \right) - \ln\left(1 + \frac{k_2}{k_1}\mathrm{sgn}(S_0) \right) \right] \quad (4.77)$$

综上，趋近律(4.62)的收敛时间小于 $T_1 + T_2$。

4.4　模糊系统基本理论

4.4.1　模糊系统的基本结构

模糊系统是一种基于知识或基于规则的系统，模糊系统的核心就是 IF-THEN

规则所组成的知识库，模糊系统的其他部分都是以一种合理而有效的方式来执行这些规则的。以下是典型的模糊规则库：

$$R: \text{IF } x_1 \text{ is } A_1, \ x_2 \text{ is } A_2, \cdots, x_n \text{ is } A_n, \text{THEN } y \text{ is } B \qquad (4.78)$$

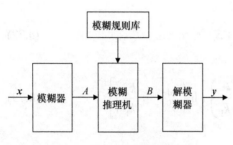

图 4.3　模糊系统结构框图

式中，$A_1, A_2, \cdots, A_n$ 和 B 分别是输入输出的模糊集合，$\boldsymbol{x} = (x_1, x_2, \cdots, x_n)^{\mathrm{T}}$ 和 $\boldsymbol{y}$ 分别表示输入输出的变量。建立的模糊系统如图 4.3 所示。

由图 4.3 可知，设计模糊系统需要完成三部分工作：①精确量的模糊化，将精确量转换为模糊量；②模糊规则库的设计，通过一组模糊条件语句构成规则，建立模糊推理机；③输出的模糊判决，完成由模糊量到精确量的转化。

4.4.2　模糊系统的隶属度函数

隶属度函数是对模糊概念的定量描述，函数值域通常在 0 到 1 之间，其中越接近 1 表示隶属度越高。目前常见的隶属度函数包括高斯型、三角形、梯形、钟形、Sigmoid 型等。

(1) 高斯型(正态型)：

$$\mu(x) = \mathrm{e}^{-\frac{(x-c)^2}{\sigma^2}}, \quad \sigma > 0 \qquad (4.79)$$

式中，c 决定了函数的中心点；σ 决定了函数曲线的宽度。

高斯型隶属度函数如图 4.4 所示。

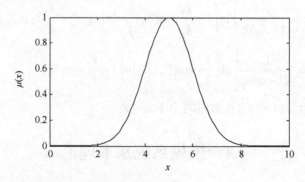

图 4.4　高斯型隶属度函数($c = 5$，$\sigma = 1$)

(2) 三角形：

$$\mu(x)=\begin{cases}0, & x<a\\[4pt]\dfrac{x-a}{b-a}, & a\leqslant x<b\\[8pt]\dfrac{c-x}{c-b}, & b\leqslant x<c\\[8pt]0, & x>c\end{cases} \tag{4.80}$$

式中，参数 a、b、c 确定三角形隶属度函数的形状。

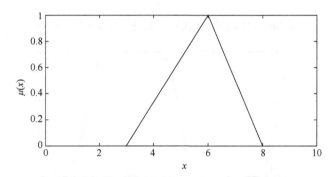

图 4.5　三角形隶属度函数($a=3$，$b=6$，$c=8$)

(3) 梯形：

$$\mu(x)=\begin{cases}0, & x<a\\[4pt]\dfrac{x-a}{b-a}, & a\leqslant x<b\\[6pt]1, & b\leqslant x<c\\[6pt]\dfrac{d-x}{d-c}, & c\leqslant x<d\\[6pt]0, & x\geqslant d\end{cases} \tag{4.81}$$

式中，参数 a、b、c、d 确定梯形隶属度函数的形状。

梯形隶属度函数如图 4.6 所示。

(4) 钟形：

$$\mu(x)=\dfrac{1}{1+\left|\dfrac{x-c}{a}\right|^{2b}} \tag{4.82}$$

式中，通过调整 a、b、c 可以控制钟形隶属度函数的形状。

钟形隶属度函数如图 4.7 所示。

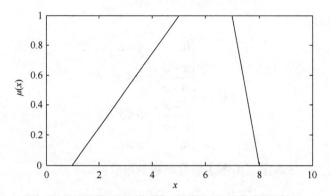

图 4.6 　梯形隶属度函数($a = 1$，$b = 5$，$c = 7$，$d = 8$)

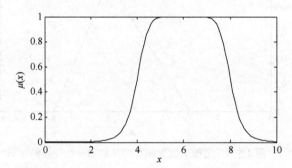

图 4.7 　钟形隶属度函数($a = 2$，$b = 4$，$c = 6$)

(5) Sigmoid 型：

$$\mu(x) = \frac{1}{1 + e^{-a(x-c)}} \tag{4.83}$$

式中，a、c 决定了 Sigmoid 型隶属度函数的形状。

Sigmoid 型隶属度函数如图 4.8 所示。

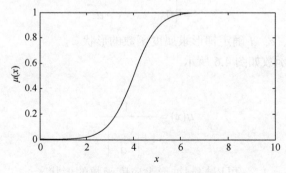

图 4.8 　Sigmoid 型隶属度函数($a = 2$，$c = 4$)

4.4.3　模糊规则的建立

模糊规则反映了模糊系统输入和输出之间的基本关系，确定模糊规则的常用方法包括基于专家经验的方法和基于学习的方法。

1) 基于专家经验的方法

模糊规则以模糊条件句的形式建立输入与输出之间的联系，基于专家经验的方法是目前确定模糊规则最主要的方法，其主要思路是将目前已有的规则、定律或推论通过数学语言表述出来，通过调整，建立 IF-THEN 的表达式。

2) 基于学习的方法

通常模糊规则的建立都是采用专家经验的方法，这种方法是完全开环的，即规则一经建立，不再改动。Mamdani 在此基础上提出了一种具有学习能力的模糊规则建立方法，它能够根据系统要求不断改进最初规则，具有一定的自适应能力。

4.4.4　模糊推理

模糊规则的表达式一般采用 IF-THEN 的形式，其输入输出均采用模糊的概念，即定性而不定量。以多输入多输出(MIMO)系统为例：

$$\text{模糊集：} \quad R = \{R^1, R^2, \cdots, R^n\} \tag{4.84}$$

式中，R^i 为规则 IF x is $A_i, \cdots,$ and y is B_i, THEN z_1 is $C_{i1}, \cdots, z_q$ is C_{iq}, 即

$$R^i : (A_i \times \cdots \times B_i) \to (C_{i1} + \cdots + C_{iq}) \tag{4.85}$$

规则库 R 可以表示为

$$R = \left\{\bigcup_{i=1}^{n} R^i\right\} = \left\{\bigcup_{i=1}^{n}(A_i \times \cdots \times B_i) \to (C_{i1} + \cdots + C_{iq})\right\}$$

$$= \left\{\bigcup_{i=1}^{n}\left[(A_i \times \cdots \times B_i) \to C_{i1}\right], \cdots, \bigcup_{i=1}^{n}\left[(A_i \times \cdots \times B_i) \to C_{iq}\right]\right\} \tag{4.86}$$

$$= \left\{R_s^1, R_s^2, \cdots, R_s^q\right\}$$

对于一个子规则库：

$$R^i = \left\{R_s^{i1}, R_s^{i2}, \cdots, R_s^{iq}\right\} \tag{4.87}$$

式中，R_s^{ij} 为规则 IF x is $A_i, \cdots,$ and y is B_i, THEN z_j is C_{ij}。

以两输入单输出系统为例：

$$\begin{cases} R^1 : \text{IF } x \text{ is } A_1 \text{ and } y \text{ is } B_1, \text{ THEN } z \text{ is } C_1 \\ R^2 : \text{IF } x \text{ is } A_2 \text{ and } y \text{ is } B_2, \text{ THEN } z \text{ is } C_2 \\ \quad \vdots \\ R^n : \text{IF } x \text{ is } A_n \text{ and } y \text{ is } B_n, \text{ THEN } z \text{ is } C_n \end{cases} \tag{4.88}$$

式中，x 和 y 为输入量；z 为控制量。以上 n 条规则共同构成了规则库。

对于第 i 条规则"IF x is A_i and y is B_i, THEN z is C_i"的模糊蕴含关系 R^i 定义为

$$R^i = (A_i \ and \ B_i) \rightarrow C_i \tag{4.89}$$

即

$$\mu_R = \mu_{R^i=(A_i \ and \ B_i)\rightarrow C_i}(x,y,z) = \left[\mu_{A_i}(x) \ and \ \mu_{B_i}(x)\right] \rightarrow \mu_{C_i}(z) \tag{4.90}$$

第 i 条模糊规则的蕴含关系为 $R^i = (A_i \ and \ B_i) \rightarrow C_i$，总模糊蕴含关系为它们的并集，即

$$R = \bigcup_{i=1}^{n} R^i \tag{4.91}$$

当 x is A and y is B 时，通过模糊推理可得

$$C' = (A' \ and \ B') \circ R \tag{4.92}$$

其中，$\mu_{(A' \ and \ B')}(x,y) = \mu_{A'}(x) \wedge \mu_{B'}(y)$ 或 $\mu_{(A' \ and \ B')}(x,y) = \mu_{A'}(x)\mu_{B'}(y)$。

4.4.5 反模糊化计算

在通过模糊推理得到模糊量后，就要通过反模糊化的方法将模糊量转化为精确量，以下是三种常用的反模糊化方法。

1) 平均最大隶属度法

平均最大隶属度法是取隶属度最大点对应值的平均数作为反模糊化后的精确值。

2) 中位数法

中位数法是把隶属度函数与横坐标围成的面积分成两部分，两部分面积相等的分界点对应的横坐标值为反模糊化后的精确值。

3) 加权平均法

加权平均法取模糊量的加权平均值作为反模糊化后的精确值，采用该方法能够反映整个模糊信息，因此是目前模糊系统中应用最多的模糊判决方法。

4.5　模糊幂次趋近律的设计

为使系统在趋近过程中的任意位置均能保持良好的运动品质，本节设计一种模糊幂次趋近律，在 $|S|$ 和 ρ 之间建立模糊规则，使当 $|S|>1$ 时，$\rho>1$；当 $0<|S|\leqslant1$ 时，$0<\rho\leqslant1$。

4.5.1　模糊规则设计

系统的模糊集分别为

$$|S| = \{LT1, EQ1, GT1\} \tag{4.93}$$

$$\rho = \{LT1, EQ1, GT1\} \tag{4.94}$$

式中，LT1 表示小于 1，EQ1 表示等于 1，GT1 表示大于 1。

模糊系统的输入输出隶属度函数如图 4.9 和图 4.10 所示。

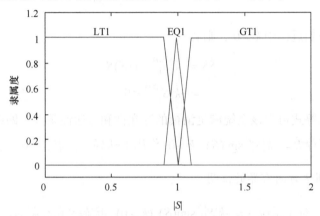

图 4.9　输入 $|S|$ 的隶属度函数

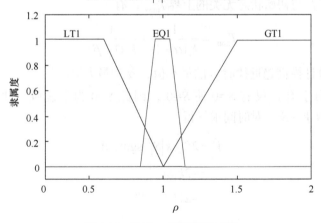

图 4.10　输出 ρ 的隶属度函数

根据输入输出变量的含义，定义模糊规则如下：

$$\begin{cases} R^1: \text{ IF } |S| \text{ is } LT1, \text{ THEN } \rho \text{ is } LT1 \\ R^2: \text{ IF } |S| \text{ is } EQ1, \text{ THEN } \rho \text{ is } EQ1 \\ R^3: \text{ IF } |S| \text{ is } GT1, \text{ THEN } \rho \text{ is } GT1 \end{cases} \tag{4.95}$$

式中，当 $|S| > 2$ 时，依然认为是 GT1；反模糊化的计算采用加权平均法，即取模糊量的加权平均值作为反模糊化后的精确值。

4.5.2　滑模特性分析

1. 存在性及可达性的证明

定理 4.7　系统状态 S 能够在滑模趋近律 $\dot{S} = -k|S|^{\rho}\mathrm{sgn}(S)$ $(k > 0)$ 作用下到达平衡点 $S = 0$ 。

证明　该趋近律中 $k > 0$ ，则有

$$
\begin{aligned}
\dot{S}S &= -k|S|^{\rho}\mathrm{sgn}(S)S \\
&= -k|S|^{\rho+1} < 0
\end{aligned}
\tag{4.96}
$$

由以上不等式可得该系统满足滑模的存在性和可达性条件，即系统状态 S 能够在滑模趋近律 $\dot{S} = -k|S|^{\rho}\mathrm{sgn}(S)$ $(k > 0)$ 作用下达到平衡点 $S = 0$ ，定理 4.7 得证。

2. 滑模到达时间有界的证明

定理 4.8　对于系统 $\dot{S} = -k|S|^{\rho}\mathrm{sgn}(S)$ $(k > 0)$ ，状态 S 在有限时间内收敛到零，且收敛时间存在与初始状态无关的上界 $T_{\max}$ ，有

$$
T_{\max} = \frac{1}{k_1(\alpha - 1)} + \frac{1}{k_2(1 - \beta)}
\tag{4.97}
$$

式中，β 为设计模糊趋近律时 ρ 的最小值，α 为最大值。

证明　由于有且仅有 $S=0$ 使 $\dot{S}=0$ ，因此 $S=0$ 为系统唯一平衡点。选取 Lyapunov 函数 $V = S^2$ ，对时间求导得

$$
\begin{aligned}
\dot{V} &= 2S[-k|S|^{\rho}\mathrm{sgn}(S)] \\
&= -2k|S|^{\rho+1} \\
&= -2kV^{1+(\rho-1)/2}
\end{aligned}
\tag{4.98}
$$

有

$$
\dot{V} \leqslant
\begin{cases}
-2kV^{1-(1-\beta)/2}, & V < 1 \\
-2kV^{1+(\alpha-1)/2}, & V \geqslant 1
\end{cases}
\tag{4.99}
$$

令 $\mu = (1-\beta)/2$ ，$\nu = (\alpha - 1)/2$ ，$r_{\mu} = r_{\nu} = 2k$ ，可得式(4.99)满足引理 4.1 的条件，收敛时间上界为 $1/[k_1(\alpha - 1)] + 1/[k_2(1 - \beta)]$ ，与初始状态无关，定理 4.8 得证。

4.6　双闭环滑模控制策略设计

对于三相 Vienna 整流器，其控制目标包括：

(1) 保证交流侧电流与电压同步且同相位，功率因数接近 1，电流的谐波含量满足 DO-160G 的要求；

(2) 直流侧的输出电压可控(在负载变化时保持指令值)；

(3) 中点电位保持平衡。

传统的双闭环 PI 控制策略中，可在外环控制器中将中点电位偏差引入反馈回路，以达到控制中点电位的作用，如图 4.11 所示。

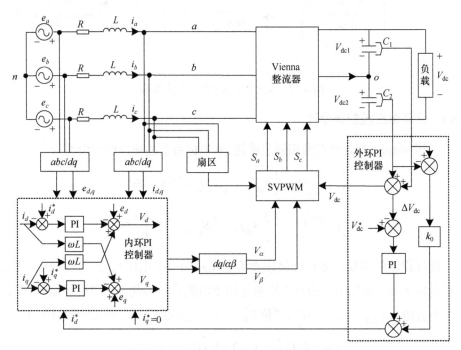

图 4.11　双闭环 PI 控制的控制框图

在这种控制策略中，反馈增益 k_0 的选择需要兼顾输出电压和中点电位，因此难度很大。本节提出一种双闭环滑模控制策略，在外环控制器中，分别给定上下电容电压的参考值，通过对这两个参考值的跟踪，保证输出电压的稳定和中点电位的平衡；在内环控制器中，通过完成对交流侧电流 dq 分量 i_d、i_q 的参考值的跟踪，实现交流侧电流的控制。控制系统框图如图 4.12 所示。

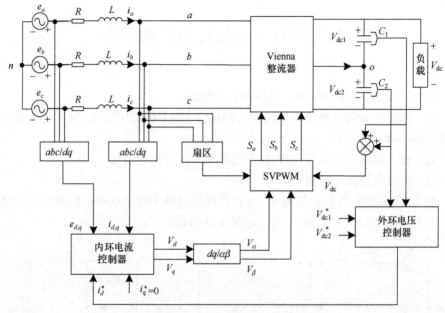

图 4.12　双闭环滑模控制的控制框图

4.6.1　外环电压控制器设计

三相 Vienna 整流器在两相同步旋转 dq 坐标系下的输出电压模型为

$$\begin{cases} C_1\dfrac{\mathrm{d}V_{dc1}}{\mathrm{d}t}=\dfrac{3}{2}S_{dp}i_d+\dfrac{3}{2}S_{qp}i_q-\dfrac{V_{dc1}+V_{dc2}}{R_L} \\ C_2\dfrac{\mathrm{d}V_{dc2}}{\mathrm{d}t}=-\dfrac{3}{2}S_{dn}i_d-\dfrac{3}{2}S_{qn}i_q-\dfrac{V_{dc1}+V_{dc2}}{R_L} \end{cases} \tag{4.100}$$

外环设计的主要控制目标是使直流电压跟随参考电压 V_{dc}^* 并保持稳定，保持中点电位平衡，并给电流内环提供参考指令电流 i_d^*，因此设计滑模控制器以消除上下电容电压 V_{dc1}、V_{dc2} 与其参考值 V_{dc1}^*、V_{dc2}^* 之间的误差，滑模面设计如下：

$$\begin{cases} S_1=k_p(V_{dc1}^*-V_{dc1})+k_i\int(V_{dc1}^*-V_{dc1})\mathrm{d}t \\ S_2=k_p(V_{dc2}^*-V_{dc2})+k_i\int(V_{dc2}^*-V_{dc2})\mathrm{d}t \end{cases} \tag{4.101}$$

式中，$V_{dc1}^*=V_{dc2}^*=V_{dc}^*/2$。

本节采用已提出的模糊幂次趋近律来设计控制器，以削弱系统抖振，将 $\dot{S_i}=-k_i|S_i|^{\rho_i}\,\mathrm{sgn}(S_i)$ 代入式(4.101)，得

$$
\begin{cases}
-k_p \dfrac{\mathrm{d}V_{\mathrm{dc1}}}{\mathrm{d}t} + k_i(V_{\mathrm{dc1}}^* - V_{\mathrm{dc1}}) = -k_1 |S_1|^{\rho_1} \mathrm{sgn}(S_1) \\[2mm]
-k_p \dfrac{\mathrm{d}V_{\mathrm{dc2}}}{\mathrm{d}t} + k_i(V_{\mathrm{dc2}}^* - V_{\mathrm{dc2}}) = -k_2 |S_2|^{\rho_2} \mathrm{sgn}(S_2)
\end{cases}
\tag{4.102}
$$

求解式(4.102)得

$$
\begin{cases}
\dfrac{\mathrm{d}V_{\mathrm{dc1}}}{\mathrm{d}t} = \dfrac{k_1}{k_p} |S_1|^{\rho_1} \mathrm{sgn}(S_1) + \dfrac{k_i}{k_p}(V_{\mathrm{dc1}}^* - V_{\mathrm{dc1}}) \\[2mm]
\dfrac{\mathrm{d}V_{\mathrm{dc2}}}{\mathrm{d}t} = \dfrac{k_2}{k_p} |S_2|^{\rho_2} \mathrm{sgn}(S_2) + \dfrac{k_i}{k_p}(V_{\mathrm{dc2}}^* - V_{\mathrm{dc2}})
\end{cases}
\tag{4.103}
$$

根据功率平衡原理，当整流器在单位功率运行时，如不计电路损耗(包括等效电阻损耗和开关损耗等)，系统无功功率为零，则交流侧有功功率和直流侧功率保持平衡，满足以下条件：

$$
\begin{cases}
\dfrac{3}{2} e_d i_d^* = \dfrac{V_{\mathrm{dc}}^2}{R} + C_1 V_{\mathrm{dc1}} \dfrac{\mathrm{d}V_{\mathrm{dc1}}}{\mathrm{d}t} + C_2 V_{\mathrm{dc2}} \dfrac{\mathrm{d}V_{\mathrm{dc2}}}{\mathrm{d}t} \\[2mm]
-\dfrac{3}{2} e_d i_q^* = 0
\end{cases}
\tag{4.104}
$$

将式(4.103)代入式(4.104)，得到

$$
\begin{cases}
i_d^* = \dfrac{2}{3e_d} \left[\dfrac{V_{\mathrm{dc}}^2}{R} + \dfrac{C_1 V_{\mathrm{dc1}}}{k_p}(k_1 |S_1|^{\rho_1} \mathrm{sgn}(S_1) + k_i(V_{\mathrm{dc1}}^* - V_{\mathrm{dc1}})) \right. \\[3mm]
\qquad \left. + \dfrac{C_2 V_{\mathrm{dc2}}}{k_p}(k_2 |S_2|^{\rho_2} \mathrm{sgn}(S_2) + k_i(V_{\mathrm{dc2}}^* - V_{\mathrm{dc2}})) \right] \\[3mm]
i_q^* = 0
\end{cases}
\tag{4.105}
$$

4.6.2　内环电流控制器设计

当电网处于理想平衡状态时，三相 Vienna 整流器在两相同步旋转坐标系下的交流侧电流模型为

$$
\begin{cases}
L \dfrac{\mathrm{d}i_d}{\mathrm{d}t} = e_d - R i_d + \omega L i_q - V_d \\[2mm]
L \dfrac{\mathrm{d}i_q}{\mathrm{d}t} = e_q - R i_q - \omega L i_d - V_q
\end{cases}
\tag{4.106}
$$

式中，$V_d = S_{dp}V_{\mathrm{dc1}} - S_{dn}V_{\mathrm{dc2}}$，$V_q = S_{qp}V_{\mathrm{dc1}} - S_{qn}V_{\mathrm{dc2}}$。内环控制器的设计目标是使交流侧电流正弦化且与电压同步，这时整流器以单位功率因数运行，交流侧无功功

率为零，有功功率和直流侧功率保持平衡，在直接电流控制中，有功功率和无功功率的控制是通过控制电流 dq 分量 i_d、i_q 来实现的。因此，设计滑模控制器以消除 i_d、i_q 与其参考值 i_d^*、i_q^* 之间的误差，滑模面设计如下：

$$\boldsymbol{S} = \begin{bmatrix} S_3 \\ S_4 \end{bmatrix} = \begin{bmatrix} i_d^* - i_d \\ i_q^* - i_q \end{bmatrix} \tag{4.107}$$

将模糊幂次趋近律 $\dot{\boldsymbol{S}} = -k|\boldsymbol{S}|^\rho \operatorname{sgn}(\boldsymbol{S})$ 代入式(4.107)，得到

$$\begin{cases} \mathrm{d}(i_d^* - i_d)/\mathrm{d}t = -k_3|S_3|^{\rho_3}\operatorname{sgn}(S_1) \\ \mathrm{d}(i_q^* - i_q)/\mathrm{d}t = -k_4|S_4|^{\rho_4}\operatorname{sgn}(S_2) \end{cases} \tag{4.108}$$

将式(4.106)代入式(4.108)得到

$$\begin{cases} V_d = F_3 - k_1 L|S_3|^{\rho_3}\operatorname{sgn}(S_3) \\ V_q = F_4 - k_2 L|S_4|^{\rho_4}\operatorname{sgn}(S_4) \end{cases} \tag{4.109}$$

式中，$F_3 = e_d - Ri_d + \omega L i_q - L\mathrm{d}i_d^*/\mathrm{d}t$；$F_4 = e_q - Ri_q - \omega L i_d - L\mathrm{d}i_q^*/\mathrm{d}t$。$V_d$、$V_q$ 经以下旋转变换可得到 SVPWM 所需的 V_α、V_β：

$$\begin{bmatrix} V_\alpha \\ V_\beta \end{bmatrix} = \begin{bmatrix} \cos(\omega t) & -\sin(\omega t) \\ \sin(\omega t) & \cos(\omega t) \end{bmatrix} \begin{bmatrix} V_d \\ V_q \end{bmatrix} \tag{4.110}$$

根据定理 4.7 和定理 4.8 可得，在本章设计的双闭环滑模控制策略的作用下，三相 Vienna 整流器系统能够在有限时间内达到参考值 $[i_d^*, i_q^*, V_{\mathrm{dc1}}^*, V_{\mathrm{dc2}}^*]^{\mathrm{T}}$。

4.7　三相 Vienna 整流器的 SVPWM 实现

在两电平整流器的 SVPWM 中，空间电压矢量有 2 个零矢量、6 个非零矢量共 8 个，6 个非零电压矢量可将整个复平面分为 6 个扇区，任意扇区位置中的参考电压 V_{ref} 都可由其两侧的两个非零矢量和零矢量来合成。

三相 Vienna 整流器是一种电流驱动型的三电平整流器，其开关管两端电压是由开关管的通断和交流侧电流极性共同决定的，三相电流的极性共有 +--、++-、-+-、-++、--+、+-+ 6 种情况，在每种情况下，只有 4 个小矢量、2 个中矢量、1 个大矢量和 1 个零矢量共 8 个电压矢量有效，这些电压矢量共同构成了一个小的正六边形，这与两电平整流器的电压矢量构成非常相似，因此可以采用将三电平转化成两电平的调制方法，即将三电平整流器的电压复平面分成六

个相互重叠的正六边形(Ⅰ、Ⅱ、Ⅲ、Ⅳ、Ⅴ、Ⅵ),每个正六边形对应一种电流极性,如图 4.13 所示。

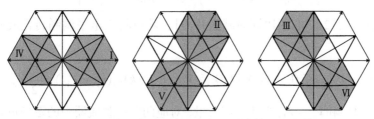

图 4.13　电压复平面中 6 个相互重叠的正六边形

两电平整流器的电压空间矢量中包括 6 个非零矢量和 2 个零矢量,这 6 个非零矢量将整个复平面分成了 6 个电压扇区,从而限定了参考电压 V_{ref} 的区域,如图 4.14 所示。一个开关周期内的电压矢量序列为 $V_0 \to V_i \to V_j \to V_7 \to V_j \to V_i \to V_0$,其中 V_i 和 V_j 在奇数扇区内分别为滞后和超前参考电压的电压矢量,在偶数扇区内则是超前和滞后参考电压的电压矢量。各电压矢量对应的导通时间满足以下条件:

$$kT_0V_0 + T_iV_i + T_jV_j + (1-k)T_0V_7 = \frac{T_s}{2}V_{\mathrm{ref}} \tag{4.111}$$

式中,T_0、T_i、T_j 分别为对应电压矢量的导通时间;k 为 V_0 和 V_7 两个零矢量导通时间的分配比例。

分析三相 Vienna 整流器时,以区域 Ⅰ 为例,当交流侧电流矢量的相角在 $[-30°, 30°]$ 时,大矢量 V_1,中矢量 V_2、V_{12},小矢量 V_{13}、V_{14}、V_{16}、V_{24} 和零矢量 V_{25} 有效,这 8 个电压矢量的端点共同构成了正六边形 Ⅰ(图 4.15)。

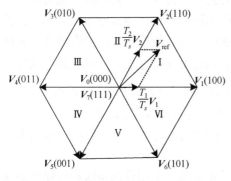

图 4.14　两电平整流器中的电压空间矢量图

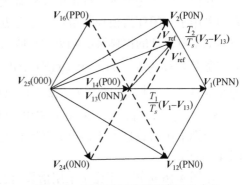

图 4.15　三电平整流器的扇区 Ⅰ 中的电压矢量图

如图 4.15 所示,参考电压 V_{ref} 可由电压矢量 V_i、V_j、V_{13}、V_{14} 合成,满足以

下条件：

$$kT_0V_{13} + T_iV_i + T_jV_j + (1-k)T_0V_{14} = \frac{T_s}{2}V_{\text{ref}} \tag{4.112}$$

当给式(4.112)左右两边同时减去 V_{13} 时，就可将三电平调制转化成两电平调制，即

$$kT_0(V_{13} - V_{13}) + T_i(V_i - V_{13}) + T_j(V_j - V_{13}) + (1-k)T_0(V_{14} - V_{13}) = \frac{T_s}{2}V'_{\text{ref}} \tag{4.113}$$

式中，$V_{13} - V_{13}$ 和 $V_{14} - V_{13}$ 为两个零矢量，对应两电平整流器中的零矢量 V_0 和 V_7，$V_i - V_{13}$ 和 $V_j - V_{13}$ 为两个非零矢量，对应两电平整流器中的非零矢量 V_i 和 V_j、$V'_{\text{ref}} = V_{\text{ref}} - V_{13}$。因此，将参考电压 V_{ref} 转化为 V'_{ref}，即可按照两电平整流器中的调制方法计算各电压矢量的导通时间。通过分析得，第 I、II、III、IV、V、VI 电压扇区的转化矢量为 V_{13}、V_{16}、V_{17}、V_{20}、V_{21}、V_{24}，即在每个正六边形中，参考电压 V_{ref} 减去对应的转化矢量就可得到 V'_{ref}。

4.8　仿真与实验验证

下面对提出的模糊幂次趋近律和双闭环滑模控制策略进行仿真和实验验证。仿真参数如下：电网相电压 $e_{a,b,c} = 115\text{V(RMS)}/400\text{Hz}$，输入电感 $L = 2\text{mH}$，输入等效电阻 $r = 0.3\Omega$，直流侧两个电容 $C = 2\text{mF}$，输出参考电压 $V_{\text{dc}} = 330\text{V}$，额定输出功率 $P_{\text{out}} = 3\text{kW}$。

4.8.1　模糊幂次趋近律的仿真验证

在仿真中首先将本章提出的模糊幂次趋近律与常规的指数趋近律做对比，二者均采用了双闭环滑模控制策略，除趋近律不同，其他控制器参数完全相同，旨在验证本章设计的模糊幂次趋近律在收敛速度、削弱抖振等方面的有效性。采用的指数趋近律为 $\dot{S}_i(x,t) = -\varepsilon_i \, \text{sgn}(S_i(x,t)) - k_i S_i(x,t)$, $i = 1,2,3,4$，模糊幂次趋近律为 $\dot{S}_i(x,t) = -k_i |S_i|^{\rho_i} \, \text{sgn}(S_i)$, $i = 1,2,3,4$，其中，$k_1 = k_2 = 1400$, $k_3 = k_4 = 350$, $k_p = 0.5$, $k_i = 5$，整流器的调制策略采用了 SVPWM 中三电平转两电平的方法。

分别采用指数趋近律和模糊幂次趋近律的系统 S_1、S_2、S_3、S_4 的收敛情况如图 4.16 所示。

由图 4.16 可知，相比于采用指数趋近律的系统，采用模糊幂次趋近律的系统在启动后和负载突变后，超调量更小，能够在更短的时间内达到稳定，且稳定后纹波更小，这表明本章提出的模糊趋近律拥有更快的收敛速度和更强的抖振削弱能力。

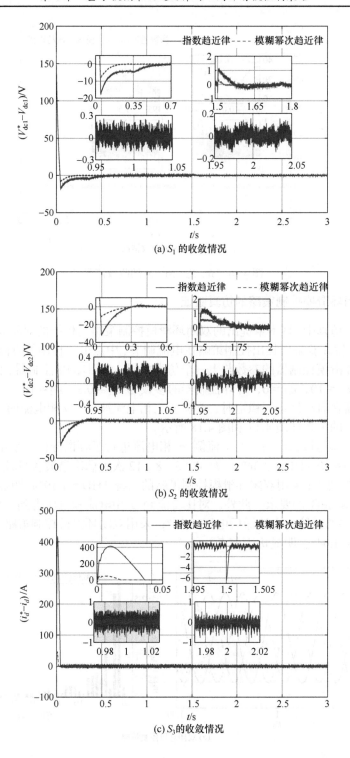

(a) S_1 的收敛情况

(b) S_2 的收敛情况

(c) S_3 的收敛情况

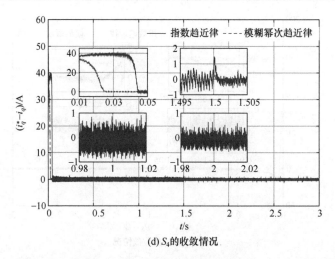

(d) S_4 的收敛情况

图 4.16　S_1、S_2、S_3、S_4 的收敛情况

4.8.2　双闭环滑模控制策略的仿真验证

在以下仿真中,将本章提出的双闭环滑模控制策略与传统的双闭环 PI 控制策略作对比,旨在验证所提出控制策略在电流调节、中点电位控制等方面的优越性。其中双闭环滑模控制器的参数与上一个仿真相同;双闭环 PI 控制器、内环控制器的参数为 $k_{p1}=10$, $k_{i1}=6$,外环控制器的参数为 $k_{p2}=0.3$, $k_{i2}=10$。

整流器在启动后运行稳定时,交流侧三相电流波形、a 相电流的 THD、a 相电流和电压的关系如图 4.17 和图 4.18 所示。

在整流器运行稳定后,对交流侧 a 相电流进行了频谱分析,采用双闭环 PI 控制策略的系统 THD = 3.36%, 2、4、6、8、12 次等偶次谐波含量较大,不满足 DO-160G 的要求;采用双闭环滑模控制策略的系统 THD = 1.19%,明显低于前者,且满足 DO-160G 的要求。此外,对比交流侧 a 相电流和电压得到,采用双闭环 PI 控制策略的系统,电流滞后电压 9.36°;采用双闭环滑模控制策略的系统,电流滞后电压 1.04°,明显优于前者。

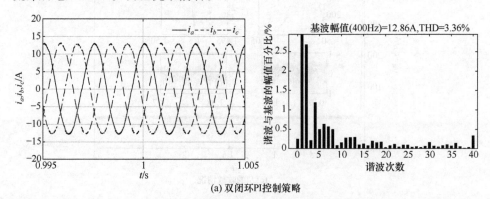

(a) 双闭环PI控制策略

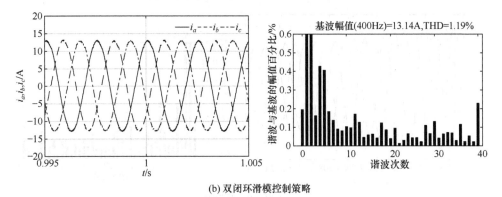

(b) 双闭环滑模控制策略

图 4.17　额定负载时的交流侧三相电流波形及 a 相电流对应的谐波含量

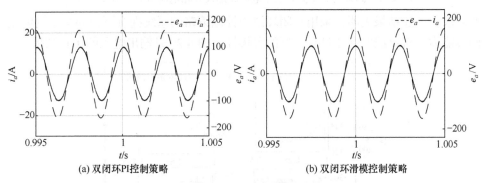

(a) 双闭环PI控制策略　　　　　　　(b) 双闭环滑模控制策略

图 4.18　交流侧 a 相电压、电流波形和相位关系

　　负载突变后，输出功率从 3kW 降为 2kW，在运行稳定后对交流侧 a 相电流进行了谐波分析，采用双闭环 PI 控制策略的系统 THD = 4.69%(图 4.19(a))，2、4、6、8、10、40 次等偶次谐波含量较大，不满足 DO-160G 的要求；采用双闭环滑模控制策略的系统 THD = 1.59%(图 4.19(b))，明显低于前者，且满足 DO-160G

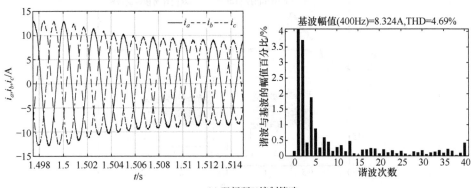

(a) 双闭环PI控制策略

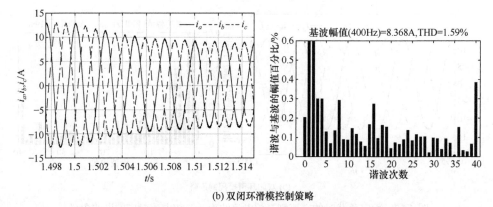

(b) 双闭环滑模控制策略

图 4.19　卸载后的交流侧三相电流波形及 a 相电流对应的谐波含量

的要求。上述结果表明，采用双闭环滑模控制策略的系统拥有更强的交流侧电流调节能力，对负载的突变具有更好的鲁棒性。图 4.20 是输出电压的仿真结果。

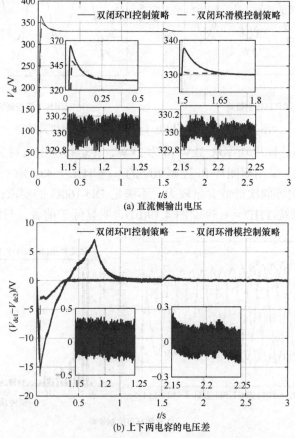

(a) 直流侧输出电压

(b) 上下两电容的电压差

图 4.20　直流侧电压的波形及上下两电容的电压差

表 4.1 给出了仿真结果的对比。

表 4.1 分别采用两种开关表的输出电压对比

采用开关表	双闭环 PI 控制策略	双闭环滑模控制策略
超调量	10.571%(364.886V)	5.933%(349.579V)
启动后稳定时间	0.230s	0.260s
启动稳定后纹波波动	[−0.210V，0.237V]	[−0.197V，0.129V]
卸载后波动	7.658V	0.956V
卸载后稳定时间	0.161s	0.0630s
卸载稳定后纹波波动	[−0.197V，0.204V]	[−0.098V，0.106V]
ΔV_{dc} 的最大波动	−16.557V	−13.732V
稳定时间	1.150s	0.336s
启动后波动区间	[−0.427V，0.356V]	[−0.216V，0.247V]
卸载后波动区间	[−0.261V，0.383V]	[−0.139V，0.147V]

上述结果表明，相比于常规的双闭环 PI 控制策略，本章提出的双闭环滑模控制策略拥有更好的中点电位调节能力；输出电压的超调量和纹波更小，电压跟踪能力更强；交流侧电流的调节能力提高，电流的谐波含量达到 DO-160G 标准的要求；突卸负载后的电压波动更小且恢复时间更快，显示出更强的鲁棒性。综上，本章提出的双闭环滑模控制策略能够满足三相 Vienna 整流器控制在交流侧电流调节、直流侧电压跟踪控制、中点电位平衡控制的要求，有效提升了整流器的性能。

4.8.3 实验验证

为进一步验证所设计的双闭环滑模控制策略的有效性，按照 4.8.2 节仿真中的电路和控制器参数进行了实验研究，实验结果如图 4.21 所示。

图 4.21 为突卸负载前后交流侧电流和直流侧上下电容电压的实验波形，经谐波含量检测，启动后，整流器在稳态时交流侧三相电流的 THD 分别为 1.83%、1.72%、1.95%；突卸负载后，整流器在稳态时交流侧三相电流的 THD 分别为 1.96%、2.42%、2.16%，且均符合 DO-160G 的要求，由图 4.21(d)可知直流侧上下电容电压能够在突卸负载后的 0.4s 内恢复到参考值 165V，且电压纹波较小。

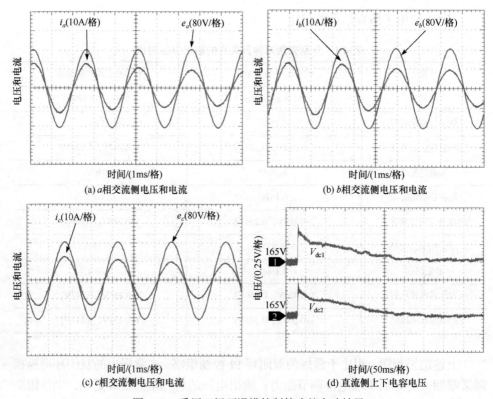

图 4.21　采用双闭环滑模控制策略的实验结果

4.9　本 章 小 结

本章根据三相 Vienna 整流器的工作特点,提出了一种基于模糊幂次趋近律的双闭环滑模控制策略,在电流内环和电压外环控制器中分别以交流侧电流分量 i_d、i_q 和上下电容电压 V_{dc1}、V_{dc2} 与其期望值之间的误差建立了滑模面,综合考虑了交流侧电流、输出电压和中点电位三个控制目标;采用了模糊滑模趋近律的设计,在较好地抑制抖振的同时,进一步提升了系统的运动性能。仿真和实验结果表明,相比双闭环 PI 控制策略,该策略具有更好的动态、稳态和抗干扰性能,中点电位调节能力显著提高。

第5章 电网不平衡下的控制策略和稳定工作条件

5.1 引　　言

第 2、3 章已经对 Vienna 整流器在电网平衡时的控制策略设计进行了较为完善的分析，提出了合适的方法并进行了仿真和实验验证。然而，在电力电子装置的运行过程中，难免出现各种不平衡的情况，其中以电网不平衡的影响最大，在这种情况下如仍沿用平衡条件下的控制策略，将导致电流谐波含量较大，影响系统的运行性能，严重时甚至会使装置烧坏，因此需要针对电网不平衡的具体情况设计控制策略[120]。

三相 Vienna 整流器在电网不平衡的条件下，交流侧电压可分为正序分量和负序分量，因此有功功率、无功功率在包含稳定分量的同时，还包含有波动的正弦项和余弦项，内环控制的对象变成有功功率、无功功率的稳定分量、正弦项、余弦项六个[180,181]，这显然是无法同时完成的。因此，根据控制对象的不同，将控制策略分为抑制交流电流负序分量的控制和抑制有功功率二次谐波的控制，前者旨在使交流侧电流保持平衡且正弦化，有功功率、无功功率和直流侧电压仍存在波动，交流侧电流和电压不同相位；后者旨在使有功功率保持恒定，交流侧电流跟踪电压，所以电流仍包含负序分量，三相不平衡。此外，与电网电压平衡时的情况不同，当电网不平衡时，在设计控制器前，需要通过交流侧电压的正序分量和负序分量计算电网不平衡度，判断在该不平衡度下，Vienna 整流器是否仍能够稳定运行。

本章针对上述问题，通过对称分量法分解交流侧电压、交流的正负序分量，推导电网不平衡时瞬时功率的计算方法，根据抑制交流侧电流负序分量和抑制有功功率二次谐波两种控制策略的要求，分别对第 4 章提出的滑模控制方法进行改进，并通过分析交流侧电流和参考电压的关系，确定 Vienna 整流器在电网不平衡时的稳定工作条件。

5.2 电网不平衡条件下的基本问题

5.2.1 正负序分量的分解

电网三相不平衡时的电压只考虑基波时可写成以下形式：

$$\boldsymbol{E} = \boldsymbol{E}^+ + \boldsymbol{E}^- + \boldsymbol{E}^0 \tag{5.1}$$

$$
\begin{bmatrix} e_a \\ e_b \\ e_c \end{bmatrix} = \begin{bmatrix} e_a^+ \\ e_b^+ \\ e_c^+ \end{bmatrix} + \begin{bmatrix} e_a^- \\ e_b^- \\ e_c^- \end{bmatrix} + \begin{bmatrix} e_a^0 \\ e_b^0 \\ e_c^0 \end{bmatrix}
$$

$$
= e_m^+ \begin{bmatrix} \cos(\omega t + \theta^+) \\ \cos(\omega t + \theta^+ - 120°) \\ \cos(\omega t + \theta^+ + 120°) \end{bmatrix} + e_m^- \begin{bmatrix} \cos(\omega t + \theta^-) \\ \cos(\omega t + \theta^- + 120°) \\ \cos(\omega t + \theta^- - 120°) \end{bmatrix} + e_m^0 \begin{bmatrix} \cos(\omega t + \theta^0) \\ \cos(\omega t + \theta^0) \\ \cos(\omega t + \theta^0) \end{bmatrix} \tag{5.2}
$$

式中，e_m^+、e_m^-、e_m^0 分别对应正序、负序和零序基波电压的峰值；θ^+、θ^-、θ^0 分别对应正序、负序和零序基波电压的初相位。在三相 Vienna 整流器中，由于不存在中线连接，所以零序分量对功率不产生影响，故而可忽略不计，有

$$
\boldsymbol{E} = \begin{bmatrix} e_a^+ \\ e_b^+ \\ e_c^+ \end{bmatrix} + \begin{bmatrix} e_a^- \\ e_b^- \\ e_c^- \end{bmatrix} = e_m^+ \begin{bmatrix} \cos(\omega t + \theta^+) \\ \cos(\omega t + \theta^+ - 120°) \\ \cos(\omega t + \theta^+ + 120°) \end{bmatrix} + e_m^- \begin{bmatrix} \cos(\omega t + \theta^-) \\ \cos(\omega t + \theta^- + 120°) \\ \cos(\omega t + \theta^- - 120°) \end{bmatrix} \tag{5.3}
$$

对于以上这种不平衡电网的整流控制，正负序分量的分离是关键环节。现在比较常用的分离方法有信号延迟法和对称分量法等。

1. 信号延迟法

信号延迟法是在两相静止坐标系中，将电网电压延迟 1/4 个工频周期，从而达到电网电压正序分量和负序分量分离的目的。根据前面的分析，三相三线制中，不含有零序分量，在两相静止 $\alpha\beta$ 坐标系中，电网电压可以表示为

$$
\begin{cases} e_{\alpha(t)} = e_m^+ \cos(\omega t + \theta^+) + e_m^- \cos(-\omega t + \theta^-) \\ e_{\beta(t)} = e_m^+ \sin(\omega t + \theta^+) + e_m^- \sin(-\omega t + \theta^-) \end{cases} \tag{5.4}
$$

式中，$e_{\alpha(t)}$、$e_{\beta(t)}$ 为 t 时刻电网电压在 $\alpha\beta$ 轴上的幅值。而 $T/4$ 周期之前，电网电压在两相静止坐标系中可以表示为式(5.5)，可以看出，正序电压分量落后了 90°，而负序电压分量超前了 90°：

$$
\begin{cases} e_{\alpha(t-T/4)} = e_m^+ \cos\left(\omega t + \theta^+ - 90°\right) + e_m^- \cos\left(-\omega t + \theta^- + 90°\right) \\ e_{\beta(t-T/4)} = e_m^+ \sin\left(\omega t + \theta^+ - 90°\right) + e_m^- \sin\left(-\omega t + \theta^- + 90°\right) \end{cases} \tag{5.5}
$$

式中，$e_{\alpha(t-T/4)}$、$e_{\beta(t-T/4)}$ 为 $T/4$ 周期之前时刻电网电压在 $\alpha\beta$ 轴上的幅值。

根据三角函数关系可得

$$\begin{cases} e_{\alpha(t-T/4)} = e_m^+ \sin(\omega t + \theta^+) - e_m^- \sin(-\omega t + \theta^-) \\ e_{\beta(t-T/4)} = -e_m^+ \cos(\omega t + \theta^+) + e_m^- \cos(-\omega t + \theta^-) \end{cases} \tag{5.6}$$

结合式(5.4)和式(5.6)可以得到电网电压正序分量和负序分量在两相静止 $\alpha\beta$ 坐标系中的表达式为

$$\begin{cases} e_\alpha^+ = e_m^+ \cos(\omega t + \theta^+) = \dfrac{1}{2}(e_{\alpha(t)} - e_{\beta(t-T/4)}) \\[2mm] e_\beta^+ = e_m^+ \sin(\omega t + \theta^+) = \dfrac{1}{2}(e_{\alpha(t-T/4)} + e_{\beta(t)}) \\[2mm] e_\alpha^- = e_m^- \cos(-\omega t + \theta^-) = \dfrac{1}{2}(e_{\alpha(t)} + e_{\beta(t-T/4)}) \\[2mm] e_\beta^- = e_m^- \sin(-\omega t + \theta^-) = \dfrac{1}{2}(-e_{\alpha(t-T/4)} + e_{\beta(t)}) \end{cases} \tag{5.7}$$

由式(5.7)可知，若知道 t 时刻之前 $T/4$ 周期电网电压的状态，并假定电网电压在 $T/4$ 周期内按照一定正负序分量的组合规律变化，那么在 t 时刻就可以得到这 $T/4$ 周期内电网电压正负序分量在 t 时刻的组合关系。

将式(5.7)变换到两相同步旋转 dq 坐标系中，得到电网电压正负序分量的表达式为

$$\begin{cases} e_d^+ = \dfrac{1}{2}\Big[(e_{\alpha(t)} - e_{\beta(t-T/4)})\cos(\omega t) + (e_{\alpha(t-T/4)} + e_{\beta(t)})\sin(\omega t)\Big] \\[2mm] e_q^+ = \dfrac{1}{2}\Big[-(e_{\alpha(t)} - e_{\beta(t-T/4)})\sin(\omega t) + (e_{\alpha(t-T/4)} + e_{\beta(t)})\cos(\omega t)\Big] \\[2mm] e_d^- = \dfrac{1}{2}\Big[(e_{\alpha(t)} + e_{\beta(t-T/4)})\cos(\omega t) - (-e_{\alpha(t-T/4)} + e_{\beta(t)})\sin(\omega t)\Big] \\[2mm] e_q^- = \dfrac{1}{2}\Big[(e_{\alpha(t)} + e_{\beta(t-T/4)})\sin(\omega t) + (-e_{\alpha(t-T/4)} + e_{\beta(t)})\cos(\omega t)\Big] \end{cases} \tag{5.8}$$

根据式(5.7)和式(5.8)即可实现电网电压不平衡时电压正负序分量的分离。仅仅从计算方法上看，信号延迟法能够将电网电压正负序分量无误差地分离开来，是一种十分有效的方法，由于在控制系统中不必把其作为独立环节来考虑，可以忽略计算时间的延迟，对系统稳定性不会有大的影响。但同时也存在缺点：首先是 $T/4$ 周期的准备时间过长，而且在这 $T/4$ 周期内需要保证电网电压正负序分量的组合保持不变，才能够准确地计算出各个分量的大小，因此这种方法仅适用于长时间的电网电压不平衡运行，无法适应瞬时的电网电压不平衡运行。

2. 对称分量法

不考虑电网电压的谐波分量，根据对称分量法，可得电网电压正、负序分量的表达式为

$$\begin{bmatrix} e_a^+ \\ e_b^+ \\ e_c^+ \end{bmatrix} = \frac{1}{3} \begin{bmatrix} 1 & \alpha & \alpha^2 \\ \alpha^2 & 1 & \alpha \\ \alpha & \alpha^2 & 1 \end{bmatrix} \begin{bmatrix} e_a \\ e_b \\ e_c \end{bmatrix} \tag{5.9}$$

$$\begin{bmatrix} e_a^- \\ e_b^- \\ e_c^- \end{bmatrix} = \frac{1}{3} \begin{bmatrix} 1 & \alpha^2 & \alpha \\ \alpha & 1 & \alpha^2 \\ \alpha^2 & \alpha & 1 \end{bmatrix} \begin{bmatrix} e_a \\ e_b \\ e_c \end{bmatrix} \tag{5.10}$$

式中，$\alpha = e^{j2\pi/3} = -\frac{1}{2} + j\frac{\sqrt{3}}{2}$，$\alpha^2 = e^{-j2\pi/3} = -\frac{1}{2} - j\frac{\sqrt{3}}{2}$，可采用二阶广义积分器实现三相电网电压信号的 90° 相角偏移。

广义积分器的传递函数为 $S(x) = \dfrac{\omega_0 s}{s^2 + \omega_0^2}$，这里 ω_0 是广义二阶积分器的谐振角频率。作为单位反馈时的闭环传递函数为 $V(s) = \dfrac{k\omega_0 s}{s^2 + k\omega_0 s + \omega_0^2}$。此时可以作为带通滤波器，增益 k 决定阻尼系数，上述描述的系统可以用于电网故障时的电压特性检测。

如果谐振频率和阻尼系数选择合适，输出信号将呈现正弦信号并且与电网电压基波分量相匹配；产生的正交信号非常适用于三相系统的对称分量检测。经过分析，可以得到：广义二阶积分器可以产生同相分量和正交分量。也就是广义二阶积分器可以产生正交波形，可以在两相静止坐标系下利用其特性实现正负序分量的提取。根据产生的正交分量在静止坐标系下进行相应的运算即可获得正负序分量。

在本章后续的分析中，正负序分量的分解将统一采用对称分量法。

5.2.2　瞬时功率的计算

整流器的输入瞬时有功功率、无功功率可以通过电网的瞬时相电压、相电流计算：

$$\begin{cases} p = e_a i_a + e_b i_b + e_c i_c \\ q = e_a' i_a + e_b' i_b + e_c' i_c \end{cases} \tag{5.11}$$

当电网电压三相平衡时，也可写成以下复功率形式：

$$S = p + jq = \frac{3}{2} e_{\alpha\beta} \overline{i_{\alpha\beta}} = \frac{3}{2} e^{j\omega t} e_{dq} \overline{e^{j\omega t} i_{dq}} \tag{5.12}$$

式中，$e_{\alpha\beta} = e_\alpha + je_\beta$，$i_{\alpha\beta} = i_\alpha + ji_\beta$，$e_{dq} = e_d + je_q$，$i_{dq} = i_d + ji_q$，"￣"代表共轭复数。在式(5.12)中，瞬时功率可以通过两相静止坐标系下的 e_α、e_β、i_α、i_β 表示，

也可以进一步逆时针旋转 ωt，通过两相同步旋转坐标系下的 e_d、e_q、i_d、i_q 表示，即 $p = \mathrm{re}(3/2 \mathrm{e}^{\mathrm{j}\omega t}e_{dq}\overline{\mathrm{e}^{\mathrm{j}\omega t}i_{dq}})$ 和 $q = \mathrm{im}(3/2\mathrm{e}^{\mathrm{j}\omega t}e_{dq}\overline{\mathrm{e}^{\mathrm{j}\omega t}i_{dq}})$，该表达式与 $p = e_a i_a + e_b i_b + e_c i_c$、$q = e'_a i_a + e'_b i_b + e'_c i_c$ 是等效的。

当三相电网不平衡时，电网电压电流中包含正序分量和负序分量，有功功率可表达为 $\mathrm{re}(3/2(\mathrm{e}^{\mathrm{j}\omega t}e^{+}_{dq} + \mathrm{e}^{\mathrm{j}\omega t}e^{-}_{dq})(\overline{\mathrm{e}^{\mathrm{j}\omega t}i^{+}_{dq} + \mathrm{e}^{\mathrm{j}\omega t}i^{-}_{dq}}))$，但无功功率不能表达为 $\mathrm{im}(3/2(\mathrm{e}^{\mathrm{j}\omega t}e^{+}_{dq} + \mathrm{e}^{\mathrm{j}\omega t}e^{-}_{dq})(\overline{\mathrm{e}^{\mathrm{j}\omega t}i^{+}_{dq} + \mathrm{e}^{\mathrm{j}\omega t}i^{-}_{dq}}))$，$\mathrm{im}(3/2(\mathrm{e}^{\mathrm{j}\omega t}e^{+}_{dq} + \mathrm{e}^{\mathrm{j}\omega t}e^{-}_{dq})(\overline{\mathrm{e}^{\mathrm{j}\omega t}i^{+}_{dq} + \mathrm{e}^{\mathrm{j}\omega t}i^{-}_{dq}})) \neq e'_a i_a + e'_b i_b + e'_c i_c$，这是因为正序分量和负序分量的旋转方向不同，滞后 $90°$ 的电网电压在负序分量中超前 $90°$，无功功率正确的表达式应该是 $\mathrm{re}(3/2(-\mathrm{je}^{\mathrm{j}\omega t}e^{+}_{dq} + \mathrm{je}^{\mathrm{j}\omega t}e^{-}_{dq})(\overline{\mathrm{e}^{\mathrm{j}\omega t}i^{+}_{dq} + \mathrm{e}^{\mathrm{j}\omega t}i^{-}_{dq}}))$。

将 $p = \mathrm{im}(3/2(\mathrm{e}^{\mathrm{j}\omega t}e^{+}_{dq} + \mathrm{e}^{\mathrm{j}\omega t}e^{-}_{dq})(\overline{\mathrm{e}^{\mathrm{j}\omega t}i^{+}_{dq} + \mathrm{e}^{\mathrm{j}\omega t}i^{-}_{dq}}))$、$q = \mathrm{re}(3/2(-\mathrm{je}^{\mathrm{j}\omega t}e^{+}_{dq} + \mathrm{je}^{\mathrm{j}\omega t}e^{-}_{dq}) \cdot \overline{(\mathrm{e}^{\mathrm{j}\omega t}i^{+}_{dq} + \mathrm{e}^{\mathrm{j}\omega t}i^{-}_{dq})})$ 展开可得

$$\begin{cases} p(t) = p_0 + p_{c2}\cos(2\omega t) + p_{s2}\sin(2\omega t) \\ q(t) = q_0 + q_{c2}\cos(2\omega t) + q_{s2}\sin(2\omega t) \end{cases} \tag{5.13}$$

式中

$$\begin{cases} p_0 = \dfrac{3}{2}(e^{-}_d i^{-}_d + e^{+}_d i^{+}_d + e^{-}_q i^{-}_q + e^{+}_q i^{+}_q) \\[2mm] p_{c2} = \dfrac{3}{2}(e^{-}_d i^{+}_d + e^{+}_d i^{-}_d + e^{-}_q i^{+}_q + e^{+}_q i^{-}_q) \\[2mm] p_{s2} = \dfrac{3}{2}(-e^{-}_d i^{+}_q + e^{+}_d i^{-}_q + e^{-}_q i^{+}_d - e^{+}_q i^{-}_d) \\[2mm] q_0 = \dfrac{3}{2}(-e^{-}_q i^{-}_d + e^{+}_d i^{-}_q - e^{-}_d i^{+}_q + e^{+}_q i^{+}_d) \\[2mm] q_{c2} = \dfrac{3}{2}(e^{-}_d i^{+}_q - e^{+}_d i^{-}_q - e^{-}_q i^{+}_d + e^{+}_q i^{-}_d) \\[2mm] q_{s2} = \dfrac{3}{2}(e^{-}_d i^{+}_d + e^{+}_d i^{-}_d + e^{-}_q i^{+}_q + e^{+}_q i^{-}_q) \end{cases} \tag{5.14}$$

由式(5.13)和式(5.14)可知，瞬时有功功率、无功功率均包含三个成分，分别是直流分量 p_0、q_0，二倍于基波频率的正弦项 $p_{s2}\sin(2\omega t)$、$q_{s2}\sin(2\omega t)$ 和余弦项 $p_{c2}\cos(2\omega t)$、$q_{c2}\cos(2\omega t)$。

在电网三相不平衡条件下，一般来说有两种控制目标：一是抑制交流侧电流中的负序分量，使电流保持正弦和平衡状态，但有功功率、无功功率的二次谐波未消除，输入功率存在波动，导致输出电压有波动；二是抑制有功功率的二次谐波，保持输入有功功率恒定，三相交流侧电流保持正弦但不平衡。

5.3　抑制交流负序电流的控制策略

5.3.1　控制器设计

为抑制整流器中的交流负序电流，设定内环控制器的控制目标为 $i_d^{-*}=0$ ，$i_q^{-*}=0$ 。则由式(5.14)得

$$\begin{bmatrix} p_0 \\ q_0 \end{bmatrix} = \frac{3}{2}\begin{bmatrix} e_d^+ & e_q^+ \\ e_q^+ & -e_d^+ \end{bmatrix}\begin{bmatrix} i_d^+ \\ i_q^+ \end{bmatrix} \tag{5.15}$$

求得正序电流的参考指令为

$$\begin{bmatrix} i_d^{+*} \\ i_q^{+*} \end{bmatrix} = \frac{2}{3[(e_d^+)^2+(e_q^+)^2]}\begin{bmatrix} e_d^+ & e_q^+ \\ e_q^+ & -e_d^+ \end{bmatrix}\begin{bmatrix} p_0^* \\ q_0^* \end{bmatrix} \tag{5.16}$$

针对电网不平衡时抑制整流器中交流负序电流的要求，对第 3 章提出的双闭环滑模控制器进行了改进。系统在单位功率因数运行时，$q_0^*=0$ ，交流侧有功功率和直流侧功率保持平衡，因此满足以下关系式：

$$p_0^* = \frac{V_{dc}^2}{R} + C_1 V_{dc1}\frac{\mathrm{d}V_{dc1}}{\mathrm{d}t} + C_2 V_{dc2}\frac{\mathrm{d}V_{dc2}}{\mathrm{d}t} \tag{5.17}$$

将式(5.17)代入式(5.16)可得 i_d^{+*} 、i_q^{+*} 。

在内环控制器设计时，首先通过分析得到了三相 Vienna 整流器在两相同步旋转坐标系下的正序、负序数学模型：

$$\begin{cases} L\dfrac{\mathrm{d}i_d^+}{\mathrm{d}t} = e_d^+ - Ri_d^+ + \omega Li_q^+ - V_d^+ \\[3mm] L\dfrac{\mathrm{d}i_q^+}{\mathrm{d}t} = e_q^+ - Ri_q^+ - \omega Li_d^+ - V_q^+ \end{cases} \tag{5.18}$$

$$\begin{cases} L\dfrac{\mathrm{d}i_d^-}{\mathrm{d}t} = e_d^- - Ri_d^- - \omega Li_q^- - V_d^- \\[3mm] L\dfrac{\mathrm{d}i_q^-}{\mathrm{d}t} = e_q^- - Ri_q^- + \omega Li_d^- - V_q^- \end{cases} \tag{5.19}$$

在内环控制中设计滑模控制器以消除电流分量 i_d^+ 、i_q^+ 、i_d^- 、i_q^- 与其参考值 i_d^{+*} 、i_q^{+*} 、i_d^{-*} 、i_q^{-*} 之间的误差，滑模面设计如下：

$$\boldsymbol{S} = \begin{bmatrix} S_1 \\ S_2 \\ S_3 \\ S_4 \end{bmatrix} = \begin{bmatrix} i_d^{+*} - i_d^+ \\ i_q^{+*} - i_q^+ \\ i_d^{-*} - i_d^- \\ i_q^{-*} - i_q^- \end{bmatrix} \tag{5.20}$$

将模糊趋近律 $\dot{S} = -k|S|^{\rho}\,\mathrm{sgn}(S)$ 代入式(5.20)，得到

$$
\begin{cases}
\mathrm{d}(i_d^{+*} - i_d^{+})/\mathrm{d}t = -k_1\left|S_1\right|^{\rho_1}\mathrm{sgn}(S_1) \\
\mathrm{d}(i_q^{+*} - i_q^{+})/\mathrm{d}t = -k_2\left|S_2\right|^{\rho_2}\mathrm{sgn}(S_2) \\
\mathrm{d}(i_d^{-*} - i_d^{-})/\mathrm{d}t = -k_3\left|S_3\right|^{\rho_3}\mathrm{sgn}(S_3) \\
\mathrm{d}(i_q^{-*} - i_q^{-})/\mathrm{d}t = -k_4\left|S_4\right|^{\rho_4}\mathrm{sgn}(S_4)
\end{cases}
\tag{5.21}
$$

将式(5.18)代入式(5.21)得到

$$
\begin{cases}
V_d^{+} = F_1 - k_1 L\left|S_1\right|^{\rho_1}\mathrm{sgn}(S_1) \\
V_q^{+} = F_2 - k_2 L\left|S_2\right|^{\rho_2}\mathrm{sgn}(S_2) \\
V_d^{-} = F_3 - k_3 L\left|S_3\right|^{\rho_3}\mathrm{sgn}(S_3) \\
V_q^{-} = F_4 - k_4 L\left|S_4\right|^{\rho_4}\mathrm{sgn}(S_4)
\end{cases}
\tag{5.22}
$$

式中，$F_1 = e_d^{+} - Ri_d^{+} + \omega Li_q^{+} - L\mathrm{d}i_d^{+*}/\mathrm{d}t$，$F_2 = e_q^{+} - Ri_q^{+} - \omega Li_d^{+} - L\mathrm{d}i_q^{+*}/\mathrm{d}t$，$F_3 = e_d^{-} - Ri_d^{-} + \omega Li_q^{-} - L\mathrm{d}i_d^{-*}/\mathrm{d}t$，$F_4 = e_q^{-} - Ri_q^{-} - \omega Li_d^{-} - L\mathrm{d}i_q^{-*}/\mathrm{d}t$。最终根据得到的 V_d^{+}、V_q^{+}、V_d^{-}、V_q^{-}，通过旋转变换求得 SVPWM 所需的 V_α、V_β。

抑制交流负序电流的控制框图如图 5.1 所示。

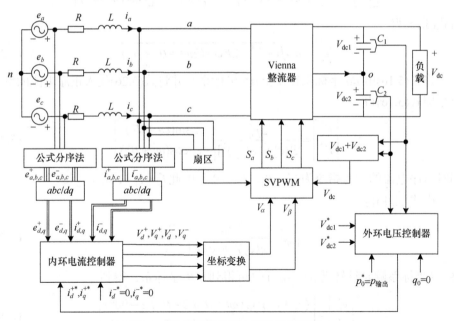

图 5.1　抑制交流负序电流的控制框图

5.3.2　整流器的稳定工作条件

三相 Vienna 整流器中，已知电网电压为

$$\begin{bmatrix} e_a \\ e_b \\ e_c \end{bmatrix} = e_m^+ \begin{bmatrix} \cos(\omega t + \theta^+) \\ \cos(\omega t + \theta^+ - 120°) \\ \cos(\omega t + \theta^+ + 120°) \end{bmatrix} + e_m^- \begin{bmatrix} \cos(\omega t + \theta^-) \\ \cos(\omega t + \theta^- + 120°) \\ \cos(\omega t + \theta^- - 120°) \end{bmatrix} \tag{5.23}$$

定义 $k = e_m^- / e_m^+$，$k \in (0,1)$ 为电网电压的不平衡度，则式(5.23)可转化为

$$\begin{bmatrix} e_a \\ e_b \\ e_c \end{bmatrix} = e_m^+ \left\{ \begin{bmatrix} \cos(\omega t + \theta^+) \\ \cos(\omega t + \theta^+ - 120°) \\ \cos(\omega t + \theta^+ + 120°) \end{bmatrix} + k \begin{bmatrix} \cos(\omega t + \theta^-) \\ \cos(\omega t + \theta^- + 120°) \\ \cos(\omega t + \theta^- - 120°) \end{bmatrix} \right\} \tag{5.24}$$

对式(5.24)进行 $\alpha\beta$ 变换，得

$$\begin{bmatrix} e_\alpha \\ e_\beta \end{bmatrix} = e_m^+ \begin{bmatrix} \sin(\omega t + \theta^+) + k\sin(\omega t + \theta^-) \\ -\cos(\omega t + \theta^+) + k\cos(\omega t + \theta^-) \end{bmatrix} \tag{5.25}$$

式中

$$\begin{bmatrix} e_\alpha^+ \\ e_\beta^+ \end{bmatrix} = e_m^+ \begin{bmatrix} \sin(\omega t + \theta^+) \\ -\cos(\omega t + \theta^+) \end{bmatrix}, \quad \begin{bmatrix} e_\alpha^- \\ e_\beta^- \end{bmatrix} = e_m^- \begin{bmatrix} \sin(\omega t + \theta^-) \\ \cos(\omega t + \theta^-) \end{bmatrix} \tag{5.26}$$

由式(5.25)得

$$|e_{\alpha\beta}| = e_m^+ \sqrt{1 + k^2 - 2k\cos(2\omega t + \theta^+ + \theta^-)} \tag{5.27}$$

将式(5.16)由 dq 坐标系转换至 $\alpha\beta$ 坐标系，并将式(5.26)代入正序电流的参考指令即式(5.16)得

$$\begin{bmatrix} i_\alpha^{+*} \\ i_\beta^{+*} \end{bmatrix} = \frac{2p_0^*}{3[(e_\alpha^+)^2 + (e_\beta^+)^2]} \begin{bmatrix} e_m^+ \sin(\omega t + \theta^+) \\ -e_m^+ \cos(\omega t + \theta^+) \end{bmatrix} \tag{5.28}$$

同时负序电流的参考指令为 $i_\alpha^{-*} = 0$，$i_\beta^{-*} = 0$，因此 $i_\alpha^* = i_\alpha'^{+*}$，$i_\beta^* = i_\beta'^{+*}$。

由式(5.28)得

$$|i_{\alpha\beta}^*| = \frac{2p_0^* e_m^+}{3[(e_\alpha^+)^2 + (e_\beta^+)^2]} = \frac{2p_0^*}{3e_m^+} \tag{5.29}$$

将 $\alpha\beta$ 坐标系顺时针转动 $(\theta^- - \theta^+)/2$ 可得到 $\alpha'\beta'$ 坐标系，得到

$$\begin{bmatrix} e_\alpha' \\ e_\beta' \end{bmatrix} = \begin{bmatrix} (e_m^+ + e_m^-)\cos(\omega t + \theta^-/2 - \theta^+/2 - 90°) \\ (e_m^+ - e_m^-)\sin(\omega t + \theta^-/2 - \theta^+/2 - 90°) \end{bmatrix} \tag{5.30}$$

式中

$$\begin{bmatrix} e'^{+}_{\alpha} \\ e'^{+}_{\beta} \end{bmatrix} = \begin{bmatrix} e^{+}_{m}\cos(\omega t + \theta^{-}/2 - \theta^{+}/2 - 90°) \\ e^{+}_{m}\sin(\omega t + \theta^{-}/2 - \theta^{+}/2 - 90°) \end{bmatrix}, \quad \begin{bmatrix} e'^{-}_{\alpha} \\ e'^{-}_{\beta} \end{bmatrix} = \begin{bmatrix} e^{-}_{m}\cos(\omega t + \theta^{-}/2 - \theta^{+}/2 - 90°) \\ -e^{-}_{m}\sin(\omega t + \theta^{-}/2 - \theta^{+}/2 - 90°) \end{bmatrix}$$

$$(5.31)$$

$$\begin{bmatrix} i'^{+*}_{\alpha} \\ i'^{+*}_{\beta} \end{bmatrix} = \frac{2p^{*}_{0}}{3[(e^{+}_{\alpha})^{2} + (e^{+}_{\beta})^{2}]}\begin{bmatrix} e^{+}_{m}\cos(\omega t + \theta^{-}/2 - \theta^{+}/2 - 90°) \\ e^{+}_{m}\sin(\omega t + \theta^{-}/2 - \theta^{+}/2 - 90°) \end{bmatrix} \qquad (5.32)$$

同时负序电流的参考指令为 $i'^{-*}_{\alpha} = 0$，$i'^{-*}_{\beta} = 0$，因此 $i'^{*}_{\alpha} = i'^{+*}_{\alpha}$，$i'^{*}_{\beta} = i'^{+*}_{\beta}$。令 $g_1 = 2p^{*}_0/\{3[(e^{+}_{\alpha})^{2} + (e^{+}_{\beta})^{2}]\}$，$\phi = \theta^{-}/2 - \theta^{+}/2 - 90°$，交流侧电压矢量和电流矢量的关系如图 5.2 所示。

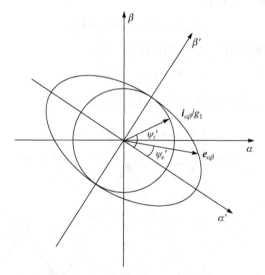

图 5.2　采用抑制交流负序电流控制策略时交流侧电压矢量和电流矢量

图 5.2 中

$$\psi'_i = \omega t + \phi, \quad \sin\psi'_i = \sin(\omega t + \phi), \quad \cos\psi'_i = \cos(\omega t + \phi) \qquad (5.33)$$

$$\sin\psi'_e = \frac{(1-k)\sin(\omega t + \phi)}{\sqrt{1 + k^2 + 2k\cos(2\omega t + 2\phi)}}, \quad \cos\psi'_e = \frac{(1+k)\cos(\omega t + \phi)}{\sqrt{1 + k^2 + 2k\cos(2\omega t + 2\phi)}}$$

$$(5.34)$$

根据图 5.2 可得

$$\psi_i = \psi'_i - \frac{1}{2}(\theta^{-} - \theta^{+}) = \omega t - 90° \qquad (5.35)$$

$$\psi_e = \psi'_e - \frac{1}{2}(\theta^{-} - \theta^{+}) \qquad (5.36)$$

$$\psi_{\text{in}} = \psi_i' - \psi_e' = \psi_i - \psi_e \tag{5.37}$$

则

$$
\begin{cases}
\sin\psi_{\text{in}} = \dfrac{k\sin(2\omega t + 2\phi)}{\sqrt{1 + k^2 + 2k\cos(2\omega t + 2\phi)}} \\[2mm]
\cos\psi_{\text{in}} = \dfrac{k + \cos(2\omega t + 2\phi)}{\sqrt{1 + k^2 + 2k\cos(2\omega t + 2\phi)}} \\[2mm]
\tan\psi_{\text{in}} = \dfrac{2k\tan(\omega t + \phi)}{1 + k + (1 - k)\tan^2(\omega t + \phi)}
\end{cases}
\tag{5.38}
$$

根据式(2.27)得矢量关系

$$\boldsymbol{e}_{\alpha\beta} = \mathrm{j}L\omega\boldsymbol{i}_{\alpha\beta} + R\boldsymbol{i}_{\alpha\beta} + \boldsymbol{V}_{\alpha\beta} \tag{5.39}$$

由于 R 较小，可忽略不计，因此式(5.39)可写为

$$\boldsymbol{V}_{\alpha\beta} = \boldsymbol{e}_{\alpha\beta} - \mathrm{j}L\omega\boldsymbol{i}_{\alpha\beta} \tag{5.40}$$

三相 Vienna 整流器的电压空间矢量如图 5.3 所示。

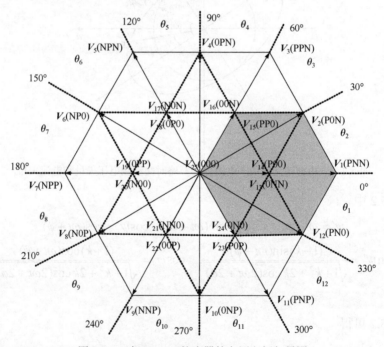

图 5.3　三相 Vienna 整流器的电压空间矢量图

在三相 Vienna 整流器中，交流侧电流可分为 $\theta_1 \sim \theta_{12}$ 共 12 个电流扇区，由于开关管两端电压是由开关管的通断和交流侧电流方向共同决定的，在每个电流扇

区中, 能够实现的电压矢量只有 8 个, 共同组成了一个小的正六边形, 如图 5.3 所示。为使 Vienna 整流器能够稳定运行, 当交流侧电流矢量处于某一扇区内时, 参考电压矢量必须在该扇区对应的正六边形中, 否则该参考电压矢量无法通过 PWM 实现。本章根据上述原则, 以交流侧电流处于第一扇区为例, 推导 Vienna 整流器在电网不平衡时稳定运行的判别条件。

当交流电流处于第一扇区时, 要保证 $\angle i_{\alpha\beta} = 330°$ 或 $30°$, 需 $V_{\alpha\beta}$ 在电流第一扇区对应的正六边形内。如图 5.4 所示, 当 $\angle i_{\alpha\beta} = 330°$ 时, $V_{\alpha\beta}$ 在三角形 OAB 内; 当 $\angle i_{\alpha\beta} = 30°$ 时, $V_{\alpha\beta}$ 在三角形 OEF 内, 边界条件有以下四种情况。

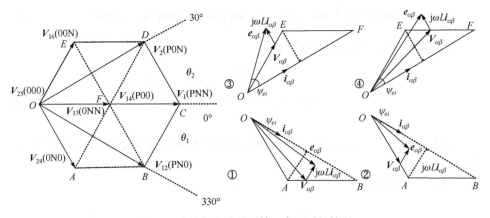

图 5.4　交流侧电流处于第一扇区时的情况

(1) $\angle i_{\alpha\beta} = 330°$, $V_{\alpha\beta}$ 在 AB 上, $|e_{\alpha\beta}| \cdot \cos\psi_{in} < |OB|/2$, 存在:

$$|e_{\alpha\beta}| \cdot \cos\psi_{in} = \tan 60° |i_{\alpha\beta} \cdot \omega L| + |e_{\alpha\beta}| \cdot \sin\psi_{in} \tag{5.41}$$

已知中矢量为 $\sqrt{3}V_{dc}/3$, 即 $|OB| = |OF| = \sqrt{3}V_{dc}/3$, 则式(5.41)可化简为

$$\sin(30° - \psi_{in}) = \frac{\sqrt{3}|i_{\alpha\beta} \cdot \omega L|}{2|e_{\alpha\beta}|} \tag{5.42}$$

(2) $\angle i_{\alpha\beta} = 330°$, $V_{\alpha\beta}$ 在 OA 上, $|e_{\alpha\beta}| \cdot \cos\psi_{in} \geqslant |OB|/2$, 存在:

$$|e_{\alpha\beta}| \cdot \cos\psi_{in} + \tan 60°(|i_{\alpha\beta} \cdot \omega L| + |e_{\alpha\beta}| \cdot \sin\psi_{in}) = |OB| \tag{5.43}$$

将 $|OB| = \sqrt{3}V_{dc}/3$ 代入式(5.43)中得

$$\sin(30° + \psi_{in}) = \frac{\dfrac{\sqrt{3}V_{dc}}{3} - \sqrt{3}|i_{\alpha\beta} \cdot \omega L|}{2|e_{\alpha\beta}|} \tag{5.44}$$

(3) $\angle i_{\alpha\beta} = 30°$，$V_{\alpha\beta}$ 在 OE 上，$\left|e_{\alpha\beta}\right| \cdot \cos\psi_{\text{in}} < \left|OF\right|/2$，存在：

$$\tan 60°(\left|e_{\alpha\beta}\right| \cdot \sin(-\psi_{\text{in}}) - \left|i_{\alpha\beta} \cdot \omega L\right|) = \left|e_{\alpha\beta}\right| \cdot \cos(-\psi_{\text{in}}) \tag{5.45}$$

将 $\left|OF\right| = \sqrt{3}V_{dc}/3$ 代入式(5.45)中得

$$\sin(-30° - \psi_{\text{in}}) = \frac{\sqrt{3}\left|i_{\alpha\beta} \cdot \omega L\right|}{2\left|e_{\alpha\beta}\right|} \tag{5.46}$$

(4) $\angle i_{\alpha\beta} = 30°$，$V_{\alpha\beta}$ 在 EF 上，$\left|e_{\alpha\beta}\right| \cdot \cos\psi_{\text{in}} \geqslant \left|OF\right|/2$，存在：

$$\tan 60°(\left|e_{\alpha\beta}\right| \cdot \sin(-\psi_{\text{in}}) - \left|i_{\alpha\beta} \cdot \omega L\right|) + \left|e_{\alpha\beta}\right| \cdot \cos(-\psi_{\text{in}}) = \left|OF\right| \tag{5.47}$$

将 $\left|OF\right| = \sqrt{3}V_{dc}/3$ 代入式(5.47)中得

$$\sin(30° - \psi_{\text{in}}) = \frac{\dfrac{\sqrt{3}V_{dc}}{3} + \sqrt{3}\left|i_{\alpha\beta} \cdot \omega L\right|}{2\left|e_{\alpha\beta}\right|} \tag{5.48}$$

根据以上分析，ψ_{in} 需满足以下条件才能使 Vienna 整流器在电流第一扇区稳定工作。

当 $\angle i_{\alpha\beta} = 330°$时：

$$\begin{cases} \psi_{\text{in}} \leqslant 30° - \arcsin\left(\dfrac{\sqrt{3}\left|i_{\alpha\beta} \cdot \omega L\right|}{2\left|e_{\alpha\beta}\right|}\right), & \left|e_{\alpha\beta}\right| \cdot \cos\psi_{\text{in}} \leqslant \dfrac{\sqrt{3}}{6}V_{dc} \\[4mm] \psi_{\text{in}} \leqslant \arcsin\left(\dfrac{\dfrac{\sqrt{3}}{3}V_{dc} - \sqrt{3}\left|i_{\alpha\beta} \cdot \omega L\right|}{2\left|e_{\alpha\beta}\right|}\right) - 30°, & \left|e_{\alpha\beta}\right| \cdot \cos\psi_{\text{in}} \geqslant \dfrac{\sqrt{3}}{6}V_{dc} \end{cases} \tag{5.49}$$

当 $\angle i_{\alpha\beta} = 30°$时：

$$\begin{cases} \psi_{\text{in}} \geqslant -30° - \arcsin\left(\dfrac{\sqrt{3}\left|i_{\alpha\beta} \cdot \omega L\right|}{2\left|e_{\alpha\beta}\right|}\right), & \left|e_{\alpha\beta}\right| \cdot \cos\psi_{\text{in}} \leqslant \dfrac{\sqrt{3}}{6}V_{dc} \\[4mm] \psi_{\text{in}} \geqslant 30° - \arcsin\left(\dfrac{\dfrac{\sqrt{3}}{3}V_{dc} + \sqrt{3}\left|i_{\alpha\beta} \cdot \omega L\right|}{2\left|e_{\alpha\beta}\right|}\right), & \left|e_{\alpha\beta}\right| \cdot \cos\psi_{\text{in}} \geqslant \dfrac{\sqrt{3}}{6}V_{dc} \end{cases} \tag{5.50}$$

Vienna 整流器在扇区 θ_1 中的稳定工作条件可以推广到扇区 θ_2、θ_3、θ_4、θ_5、θ_6 中，并最终归纳出电网不平衡时，采用抑制交流负序电流控制策略的 Vienna 整流器的稳定工作条件。

当 $\omega t = \pi/3 + (n-1)\pi/3(n=1,2,\cdots,6)$ 时，有

$$
\begin{cases}
\dfrac{\tan\psi_{\text{in}} - \dfrac{\sqrt{3}}{3}}{1 + \dfrac{\sqrt{3}}{3}\tan\psi_{\text{in}}} \leqslant -\dfrac{\sqrt{3}\left|\boldsymbol{i}_{\alpha\beta}\cdot\omega L\right|}{\sqrt{4\left|\boldsymbol{e}_{\alpha\beta}\right|^2 + 3\left|\boldsymbol{i}_{\alpha\beta}\cdot\omega L\right|^2}} \\[4mm]
\dfrac{\tan\psi_{\text{in}} + \dfrac{\sqrt{3}}{3}}{1 - \dfrac{\sqrt{3}}{3}\tan\psi_{\text{in}}} \leqslant \dfrac{\dfrac{\sqrt{3}}{3}V_{\text{dc}} - \sqrt{3}\left|\boldsymbol{i}_{\alpha\beta}\cdot\omega L\right|}{\sqrt{4\left|\boldsymbol{e}_{\alpha\beta}\right|^2 + \left(\dfrac{\sqrt{3}}{3}V_{\text{dc}} - \sqrt{3}\left|\boldsymbol{i}_{\alpha\beta}\cdot\omega L\right|\right)^2}}
\end{cases}
\tag{5.51}
$$

当 $\omega t = 2\pi/3 + (n-1)\pi/3(n=1,2,\cdots,6)$ 时，有

$$
\begin{cases}
\dfrac{\tan\psi_{\text{in}} + \dfrac{\sqrt{3}}{3}}{1 - \dfrac{\sqrt{3}}{3}\tan\psi_{\text{in}}} \leqslant -\dfrac{\sqrt{3}\left|\boldsymbol{i}_{\alpha\beta}\cdot\omega L\right|}{\sqrt{4\left|\boldsymbol{e}_{\alpha\beta}\right|^2 + 3\left|\boldsymbol{i}_{\alpha\beta}\cdot\omega L\right|^2}} \\[4mm]
\dfrac{\tan\psi_{\text{in}} - \dfrac{\sqrt{3}}{3}}{1 + \dfrac{\sqrt{3}}{3}\tan\psi_{\text{in}}} \leqslant -\dfrac{\dfrac{\sqrt{3}}{3}V_{\text{dc}} + \sqrt{3}\left|\boldsymbol{i}_{\alpha\beta}\cdot\omega L\right|}{\sqrt{4\left|\boldsymbol{e}_{\alpha\beta}\right|^2 + \left(\dfrac{\sqrt{3}}{3}V_{\text{dc}} + \sqrt{3}\left|\boldsymbol{i}_{\alpha\beta}\cdot\omega L\right|\right)^2}}
\end{cases}
\tag{5.52}
$$

5.4　抑制有功功率二次谐波的控制策略

5.4.1　控制器设计

抑制负序电流的控制策略能够使 $i_d^- = 0$，$i_q^- = 0$，从而保证交流侧三相电流正弦化且平衡，但由于电网电压是不平衡的，在这种控制策略下有功功率、无功功率均会出现较大的二次谐波，进一步导致输出电压的波动。为使整流器输出电压平稳，需要对有功功率的二次谐波进行抑制。由式(5.14)得

$$
\begin{bmatrix} p_0 \\ p_{c2} \\ p_{s2} \\ q_0 \end{bmatrix} = \frac{3}{2}\begin{bmatrix} e_d^+ & e_q^+ & e_d^- & e_q^- \\ e_d^- & e_q^- & e_d^+ & e_q^+ \\ e_q^- & -e_d^- & -e_q^+ & e_d^+ \\ e_q^+ & -e_d^+ & -e_q^- & e_d^- \end{bmatrix}\begin{bmatrix} i_d^+ \\ i_q^+ \\ i_d^- \\ i_q^- \end{bmatrix}
\tag{5.53}
$$

在该种控制策略下的控制目标为：$p_0^* = V_{\text{dc}}^2/R + C_1 V_{\text{dc1}}\cdot \mathrm{d}V_{\text{dc1}}/\mathrm{d}t + C_2 V_{\text{dc2}}\cdot \mathrm{d}V_{\text{dc2}}/\mathrm{d}t$，$p_{c2} = 0$，$p_{s2} = 0$，$q_0 = 0$，由该控制目标和式(5.53)可得正负序电流的

参考指令：

$$
\begin{bmatrix} i_d^+ \\ i_q^+ \\ i_d^- \\ i_q^- \end{bmatrix} = \frac{2}{3} \begin{bmatrix} e_d^+ & e_q^+ & e_d^- & e_q^- \\ e_q^+ & -e_d^+ & e_q^- & -e_d^- \\ e_d^- & e_q^- & e_d^+ & e_q^+ \\ e_q^- & -e_d^- & -e_q^+ & e_d^+ \end{bmatrix}^{-1} \begin{bmatrix} p_0^* \\ 0 \\ 0 \\ 0 \end{bmatrix}
\tag{5.54}
$$

当 $(e_d^-)^2 + (e_q^-)^2 - (e_d^+)^2 - (e_q^+)^2 \neq 0$ 时，式(5.54)可化简为

$$
\begin{bmatrix} i_d^{+*} \\ i_q^{+*} \\ i_d^{-*} \\ i_q^{-*} \end{bmatrix} = \frac{2p_0^*}{3[(e_d^+)^2 + (e_q^+)^2 - (e_d^-)^2 - (e_q^-)^2]} \begin{bmatrix} e_d^+ \\ e_q^+ \\ -e_d^- \\ -e_q^- \end{bmatrix}
\tag{5.55}
$$

将式(5.55)代入式(5.22)中，再经旋转变换得到 V_α、V_β。抑制有功功率二次谐波的控制框图如图 5.5 所示。

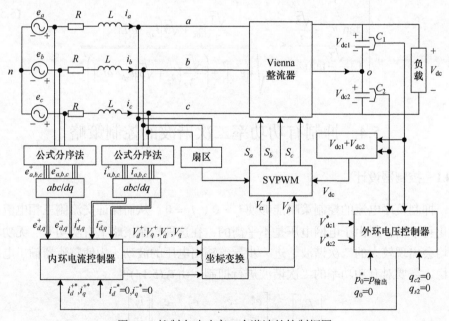

图 5.5　抑制有功功率二次谐波的控制框图

5.4.2　整流器的稳定工作条件

当采用抑制有功功率二次谐波的控制策略时，将式(5.55)由 dq 坐标系转换至 $\alpha\beta$ 坐标系，并将式(5.26)代入得到正序电流的参考指令为

$$\begin{bmatrix} i_\alpha^{+*} \\ i_\beta^{+*} \\ i_\alpha^{-*} \\ i_\beta^{-*} \end{bmatrix} = \frac{2p_0^*}{3[(e_\alpha^+)^2 + (e_\beta^+)^2 - (e_\alpha^-)^2 - (e_\beta^-)^2]} \begin{bmatrix} e_m^+ \sin(\omega t + \theta^+) \\ -e_m^+ \cos(\omega t + \theta^+) \\ -e_m^- \sin(\omega t + \theta^-) \\ -e_m^- \cos(\omega t + \theta^-) \end{bmatrix} \tag{5.56}$$

由式(5.56)得

$$\left| i_{\alpha\beta}^* \right| = \frac{2p_0^* \sqrt{1 + k^2 + 2k\cos(2\omega t + \theta^+ + \theta^-)}}{3(1-k^2)e_m^+} \tag{5.57}$$

将 $\alpha\beta$ 坐标系顺时针转动 $(\theta^- - \theta^+)/2$ 至 $\alpha'\beta'$ 坐标系，得到

$$\begin{bmatrix} i_\alpha'^{+*} \\ i_\beta'^{+*} \\ i_\alpha'^{-*} \\ i_\beta'^{-*} \end{bmatrix} = \frac{2p_0^*}{3[(e_\alpha^+)^2 + (e_\beta^+)^2 - (e_\alpha^-)^2 - (e_\beta^-)^2]} \begin{bmatrix} e_m^+ \cos(\omega t + \phi) \\ e_m^+ \sin(\omega t + \phi) \\ -e_m^- \cos(\omega t + \phi) \\ e_m^- \sin(\omega t + \phi) \end{bmatrix} \tag{5.58}$$

令 $g_2 = 2p_0^* / 3[(e_\alpha^+)^2 + (e_\beta^+)^2 - (e_\alpha^-)^2 - (e_\beta^-)^2]$，由式(5.58)得

$$\begin{bmatrix} i_\alpha'^* \\ i_\beta'^* \end{bmatrix} = g_2 \begin{bmatrix} (e_m^+ - e_m^-)\cos(\omega t + \phi) \\ (e_m^+ + e_m^-)\sin(\omega t + \phi) \end{bmatrix} \tag{5.59}$$

　　采用抑制有功功率二次谐波控制策略时的交流侧电压矢量和电流矢量的关系如图 5.6 所示。

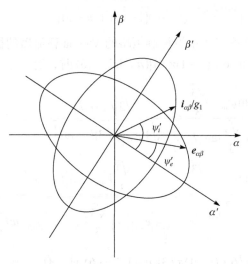

图 5.6　采用抑制有功功率二次谐波控制策略时的交流侧电压矢量和电流矢量

图 5.6 中

$$\sin\psi_i' = \frac{(1+k)\sin(\omega t+\phi)}{\sqrt{1+k^2-2k\cos(2\omega t+2\phi)}}, \quad \cos\psi_i' = \frac{(1-k)\cos(\omega t+\phi)}{\sqrt{1+k^2-2k\cos(2\omega t+2\phi)}} \quad (5.60)$$

$$\sin\psi_e' = \frac{(1-k)\sin(\omega t+\phi)}{\sqrt{1+k^2+2k\cos(2\omega t+2\phi)}}, \quad \cos\psi_e' = \frac{(1+k)\cos(\omega t+\phi)}{\sqrt{1+k^2+2k\cos(2\omega t+2\phi)}} \quad (5.61)$$

由图 5.6 可得

$$\tan\psi_i' = \frac{1+k}{1-k}\tan(\omega t+\phi) \quad (5.62)$$

则

$$\tan\psi_i = \tan\left[\psi_i' - \frac{1}{2}(\theta^- - \theta^+)\right] = \frac{\dfrac{1+k}{1-k}\tan(\omega t+\phi) - \tan\left(\dfrac{1}{2}\theta^- - \dfrac{1}{2}\theta^+\right)}{1 + \dfrac{1+k}{1-k}\tan(\omega t+\phi)\tan\left(\dfrac{1}{2}\theta^- - \dfrac{1}{2}\theta^+\right)} \quad (5.63)$$

由式(5.34)、式(5.37)和式(5.62)得

$$\begin{cases} \sin\psi_{\text{in}} = \dfrac{2k\sin(2\omega t+2\phi)}{\sqrt{k^4+2k^2+1-2k^2\cos(2\omega t+2\phi)}} \\[2mm] \cos\psi_{\text{in}} = \dfrac{1-k^2}{\sqrt{k^4+2k^2+1-2k^2\cos(2\omega t+2\phi)}} \\[2mm] \tan\psi_{\text{in}} = \dfrac{4k\tan(\omega t+\phi)}{(1-k^2)[1-\tan^2(\omega t+\phi)]} \end{cases} \quad (5.64)$$

采用抑制有功功率二次谐波控制策略的 Vienna 整流器的稳定工作条件如下。
当 $\tan\psi_i = \tan[-\pi/6+(n-1)\pi/3](n=1,2,\cdots,6)$ 时，有

$$\begin{cases} \dfrac{\tan\psi_{\text{in}} - \dfrac{\sqrt{3}}{3}}{1 + \dfrac{\sqrt{3}}{3}\tan\psi_{\text{in}}} \leqslant -\dfrac{\sqrt{3}\left|\boldsymbol{i}_{\alpha\beta}\cdot\omega L\right|}{\sqrt{4\left|\boldsymbol{e}_{\alpha\beta}\right|^2+3\left|\boldsymbol{i}_{\alpha\beta}\cdot\omega L\right|^2}} \\[5mm] \dfrac{\tan\psi_{\text{in}} + \dfrac{\sqrt{3}}{3}}{1 - \dfrac{\sqrt{3}}{3}\tan\psi_{\text{in}}} \leqslant \dfrac{\dfrac{\sqrt{3}}{3}V_{\text{dc}} - \sqrt{3}\left|\boldsymbol{i}_{\alpha\beta}\cdot\omega L\right|}{\sqrt{4\left|\boldsymbol{e}_{\alpha\beta}\right|^2+\left(\dfrac{\sqrt{3}}{3}V_{\text{dc}}-\sqrt{3}\left|\boldsymbol{i}_{\alpha\beta}\cdot\omega L\right|\right)^2}} \end{cases} \quad (5.65)$$

当 $\tan\psi_i = \tan[\pi/6+(n-1)\pi/3](n=1,2,\cdots,6)$ 时，有

$$\begin{cases} \dfrac{\tan\psi_{\text{in}}+\dfrac{\sqrt{3}}{3}}{1-\dfrac{\sqrt{3}}{3}\tan\psi_{\text{in}}} \leqslant -\dfrac{\sqrt{3}\left|\boldsymbol{i}_{\alpha\beta}\cdot\omega L\right|}{\sqrt{4\left|\boldsymbol{e}_{\alpha\beta}\right|^2+3\left|\boldsymbol{i}_{\alpha\beta}\cdot\omega L\right|^2}} \\[4mm] \dfrac{\tan\psi_{\text{in}}-\dfrac{\sqrt{3}}{3}}{1+\dfrac{\sqrt{3}}{3}\tan\psi_{\text{in}}} \leqslant -\dfrac{\dfrac{\sqrt{3}}{3}V_{\text{dc}}+\sqrt{3}\left|\boldsymbol{i}_{\alpha\beta}\cdot\omega L\right|}{\sqrt{4\left|\boldsymbol{e}_{\alpha\beta}\right|^2+\left(\dfrac{\sqrt{3}}{3}V_{\text{dc}}+\sqrt{3}\left|\boldsymbol{i}_{\alpha\beta}\cdot\omega L\right|\right)^2}} \end{cases} \tag{5.66}$$

5.5　仿真与实验验证

下面对提出的两种控制策略进行仿真和实验验证，仿真参数如下：电网相电压 $e_{a,b,c}$=115V(RMS)/400Hz，输入电感 L=2mH，输入等效电阻 r=0.3Ω，直流侧两个电容 C=2mF，输出参考电压 V_{dc}=330V，额定输出功率 P_{out}=2kW，控制器参数 k_1=k_2=1400，k_3=k_4=350，k_p=0.5，k_i=5。

5.5.1　单相交流侧电压幅值跌落

1. 交流侧 c 相电压跌落 40%(k=0.154)

经计算，交流侧单相电压跌落 40%时，k=0.154，$\theta^+=0°$，$\theta^-=60°$，满足式(5.51)和式(5.52)的条件，即理论上证明在该情况下，采用抑制交流负序电流控制策略的三相 Vienna 整流器能够稳定工作。交流侧三相电流和电压的关系、电流 THD 如图 5.7 所示。

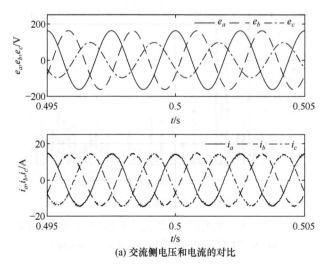

(a) 交流侧电压和电流的对比

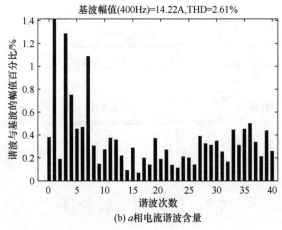

(b) a相电流谐波含量

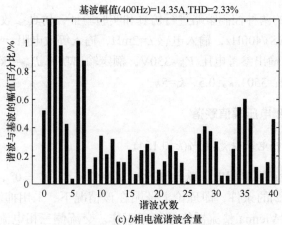

(c) b相电流谐波含量

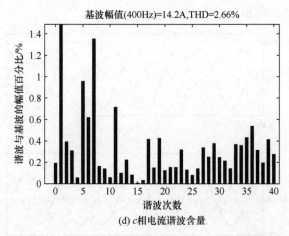

(d) c相电流谐波含量

图 5.7　交流侧三相电压、电流波形及电流对应的谐波含量
(k =0.154 时采用抑制交流负序电流控制策略)

由图 5.7 可见，当整流器运行稳定后，交流侧三相电流平衡且呈正弦化，对 a、b、c 相电流进行了频谱分析，THD 分别为 2.61%、2.33%、2.66%。整流器的直流侧输出电压和上下两电容电压差如图 5.8 所示。

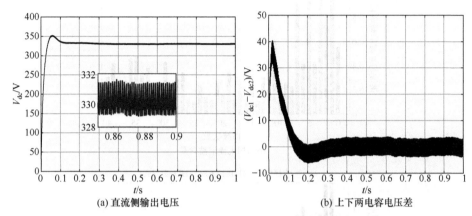

(a) 直流侧输出电压　　　　　　　　　　　(b) 上下两电容电压差

图 5.8　直流侧输出电压和上下两电容电压差(k =0.154 时采用抑制交流负序电流控制策略)

由图 5.8(a)可见，电路启动后输出电压的超调量为 6.810%(352.474V)，0.246s 后电路运行稳定，稳定后纹波波动保持在[-1.482V，1.863V]。由图 5.8(b)可见，电路启动后的上下电容电压差最大波动值为 40.437V，在 0.313s 后上下两电容电压差保持在[-3.971V，3.825V]。

经计算，k=0.154，$\theta^+ = 0°$，$\theta^- = 60°$ 满足式(5.65)的条件，即理论上证明在交流侧单相电压跌落 40%时，采用抑制有功功率二次谐波控制策略的三相 Vienna 整流器能够稳定工作。交流侧三相电流和电压的关系、电流 THD 如图 5.9 所示。

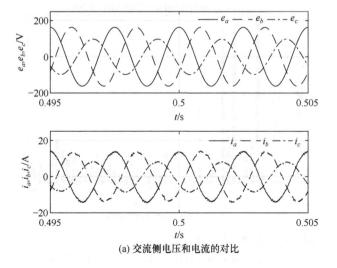

(a) 交流侧电压和电流的对比

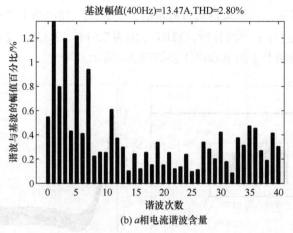

(b) a相电流谐波含量

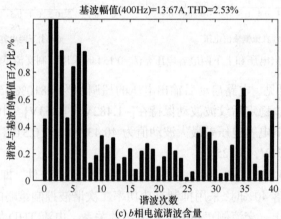

(c) b相电流谐波含量

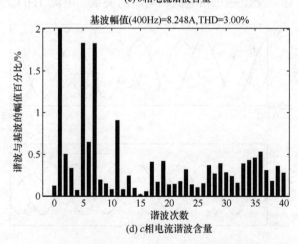

(d) c相电流谐波含量

图 5.9　交流侧三相电压、电流波形及电流对应的谐波含量
(k = 0.154 时采用抑制有功功率二次谐波控制策略)

在整流器运行稳定后，交流侧三相电流呈正弦化且跟踪交流侧电压，对 a、b、c 相电流进行了频谱分析，THD 分别为 2.80%、2.53%、3.00%。整流器的直流侧输出电压和上下两电容电压差如图 5.10 所示。

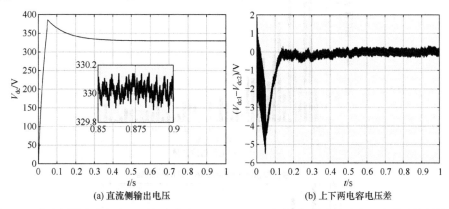

(a) 直流侧输出电压　　　　　　　　　(b) 上下两电容电压差

图 5.10　直流侧输出电压和上下两电容电压差(k =0.154 时采用抑制有功功率二次谐波控制策略)

由图 5.10(a)可见，电路启动后输出电压的超调量为 16.804%(385.454V)，0.447s后电路运行稳定，稳定后纹波波动保持在[-0.173V，0.177V]。由图 5.10(b)可见，电路启动后的上下两电容电压差最大波动值为-5.495V，在 0.302s 后上下两电容电压差基本保持在[-0.528V，0.332V]。

2. 交流侧 c 相电压跌落 60%(k=0.250)

经计算，交流侧单相电压跌落 60%时，k=0.250，$\theta^+ = 0°$，$\theta^- = 60°$，不满足式(5.51)和式(5.52)的条件，即理论上在该情况下，采用抑制交流负序电流控制策略的三相 Vienna 整流器不能稳定工作。交流侧三相电流和电压的关系、电流 THD如图 5.11 所示。

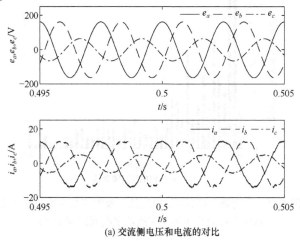

(a) 交流侧电压和电流的对比

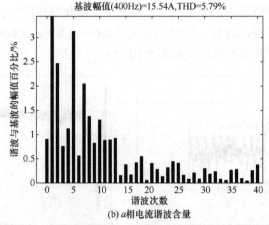

(b) *a*相电流谐波含量

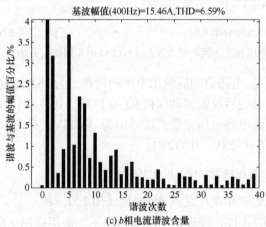

(c) *b*相电流谐波含量

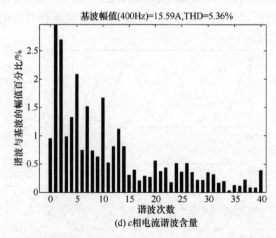

(d) *c*相电流谐波含量

图 5.11　交流侧三相电压、电流波形及电流对应的谐波含量
(*k*=0.250 时采用抑制交流负序电流控制策略)

在整流器运行稳定后，交流侧三相电流基本平衡，对 a、b、c 相电流进行了频谱分析，THD 分别为 5.79%、6.59%、5.36%，偶次谐波含量较大。整流器的直流侧输出电压和上下两电容电压差如图 5.12 所示。

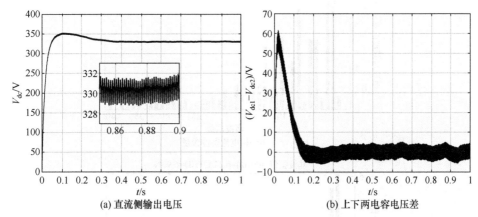

(a) 直流侧输出电压　　　　　　　(b) 上下两电容电压差

图 5.12　直流侧输出电压和上下两电容电压差(k=0.250 时采用抑制交流负序电流控制策略)

由图 5.12(a)可见，电路启动后输出电压的超调量为 6.797%(352.431V)，0.339s 后电路运行稳定，稳定后纹波波动保持在[-1.809V，2.362V]。由图 5.12(b)可见，电路启动后的上下两电容电压差最大波动值为 61.600V，在 0.261s 后上下两电容电压差保持在[-5.691V，5.127V]。

经计算，交流侧单相电压跌落 60%时，k=0.250，θ^+=0°，θ^-=60°，不满足式(5.65)和式(5.66)的条件，即理论上证明在交流侧单相电压跌落 60%时，采用抑制有功功率二次谐波控制策略的三相 Vienna 整流器不能稳定工作。交流侧三相电流和电压的关系、电流 THD 如图 5.13 所示。

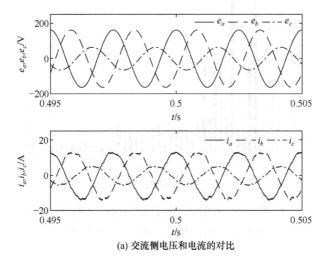

(a) 交流侧电压和电流的对比

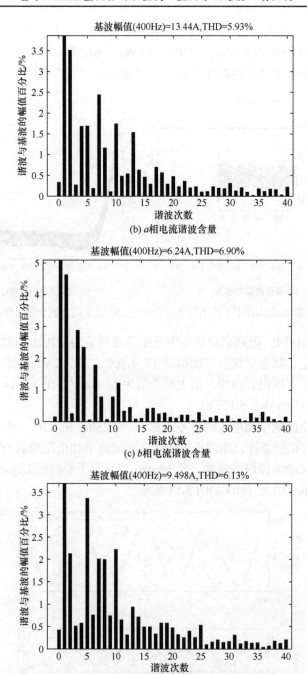

图 5.13 　交流侧三相电压、电流波形及电流对应的谐波含量
(k=0.250 时采用抑制有功功率二次谐波控制策略)

在整流器运行稳定后，交流侧三相电流基本正弦化且跟踪交流侧电压，但对 a、b、c 相电流进行频谱分析后得：THD 分别为 5.93%、6.90%、6.13%，偶次谐波含量较大。整流器的直流侧输出电压和上下两电容电压差如图 5.14 所示。

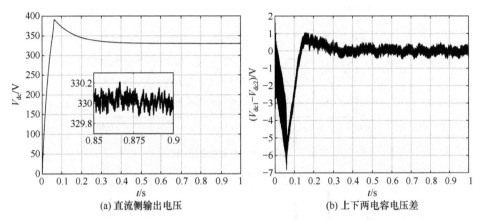

(a) 直流侧输出电压　　　　　　　(b) 上下两电容电压差

图 5.14　直流侧输出电压和上下两电容电压差(k=0.250 时采用抑制有功功率二次谐波控制策略)

由图 5.14(a)可见，电路启动后输出电压的超调量为 18.582%(391.321V)，0.470s 后电路运行稳定，稳定后纹波波动保持在[-0.204V，0.239V]。由图 5.14(b)可见，电路启动后的上下两电容电压差最大波动值为-6.8260V，在 0.300s 后上下两电容电压差保持在[-0.492V，0.530V]。

5.5.2　两相交流侧电压幅值跌落

1. 交流侧 b 相电压跌落 20%，滞后 a 相电压 130°，c 相电压跌落 22%，滞后 a 相电压 232°(k=0.170)

经计算，当交流侧 b 相电压跌落 20%，滞后 a 相电压 130°，c 相电压跌落 22%，滞后 a 相电压 232°时，k=0.170，$\theta^+ = 0.680°$，$\theta^- = 3.762°$，满足式(5.51)和式(5.52)的条件，即理论上证明上述情况下，采用抑制交流负序电流控制策略的三相 Vienna 整流器能够稳定工作。交流侧三相电流和电压的关系、电流 THD 如图 5.15 所示。

在整流器运行稳定后，交流侧三相电流平衡且呈正弦化，对 a、b、c 相电流进行了频谱分析，THD 分别为 2.79%、2.60%、3.12%，整流器的直流侧输出电压和上下两电容电压差如图 5.16 所示。

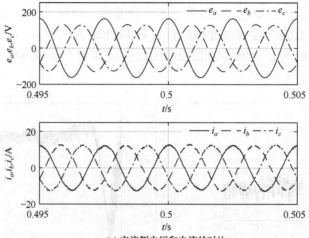

(a) 交流侧电压和电流的对比

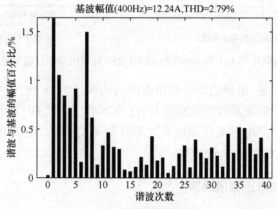

(b) a相电流谐波含量

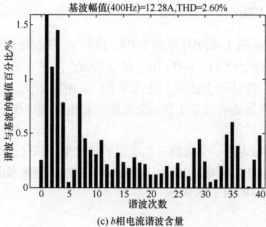

(c) b相电流谐波含量

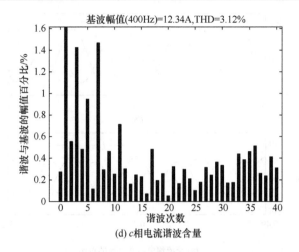

(d) c相电流谐波含量

图 5.15　交流侧三相电压、电流波形及电流对应的谐波含量

(k=0.170 时采用抑制交流负序电流控制策略)

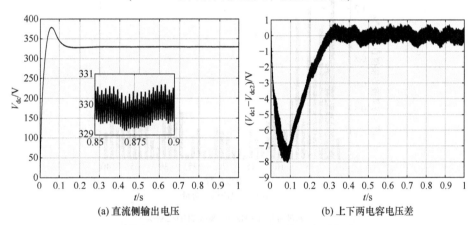

(a) 直流侧输出电压　　　　　　　　　(b) 上下两电容电压差

图 5.16　直流侧输出电压和上下两电容电压差(k=0.170 时采用抑制交流负序电流控制策略)

由图 5.16(a)可见,电路启动后输出电压的超调量为 14.913%(379.214V),0.132s 后电路运行稳定,稳定后纹波波动保持在[−0.875V,0.869V]。由图 5.16(b)可见,电路启动后的上下两电容电压差最大波动值为−8.043V,在 0.329s 后上下两电容电压差保持在[−0.784V,0.755V]。

经计算,k=0.170,θ^+ = 0.680°,θ^- =3.762°,满足式(5.65)和式(5.66)的条件,即理论上证明交流侧 b 相电压跌落 20%,滞后 a 相电压 130°,c 相电压跌落 22%,滞后 a 相电压 232°时,采用抑制有功功率二次谐波控制策略的三相 Vienna 整流器能够稳定工作。交流侧三相电流和电压的关系、电流 THD 如图 5.17 所示。

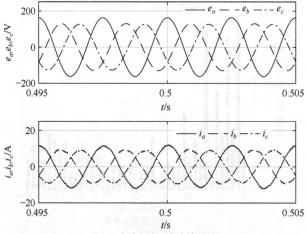

(a) 交流侧电压和电流的对比

基波幅值(400Hz)=11.63A,THD=2.68%

(b) a 相电流谐波含量

基波幅值(400Hz)=9.186A,THD=2.96%

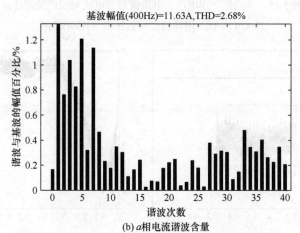

(c) b 相电流谐波含量

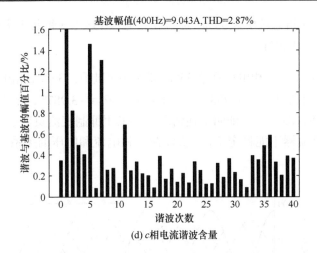

(d) c 相电流谐波含量

图 5.17　交流侧三相电压、电流波形及电流对应的谐波含量

(k=0.170 时采用抑制有功功率二次谐波控制策略)

在整流器运行稳定后，交流侧三相电流呈正弦化且跟踪交流侧电压，对 a、b、c 相电流进行了频谱分析，THD 分别为 2.68%、2.96%、2.87%。整流器的直流侧输出电压和上下两电容电压差如图 5.18 所示。

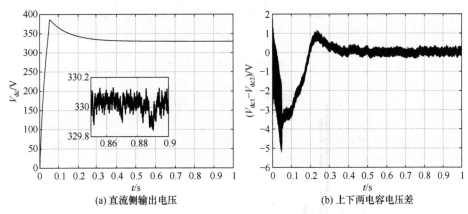

(a) 直流侧输出电压　　　　　　　　　　　(b) 上下两电容电压差

图 5.18　直流侧输出电压和上下两电容电压差

(k=0.170 时采用抑制有功功率二次谐波控制策略)

由图 5.18(a)可见，电路启动后输出电压的超调量为 17.124%(386.510V)，0.456s 后电路运行稳定，稳定后纹波波动保持在[–0.159V，0.172V]。由图 5.18(b)可见，电路启动后的上下两电容电压差最大波动值为–5.196V，在 0.314s 后上下两电容电压差保持在[–0.337V，0.569V]。

2. 交流侧 *b* 相电压跌落 33%，滞后 *a* 相电压 135°，*c* 相电压跌落 29%，滞后 *a* 相电压 222°(*k*=0.293)

经计算，交流侧 *b* 相电压跌落 33%，滞后 *a* 相电压 135°，*c* 相电压跌落 29%，滞后 *a* 相电压 222°时，*k*=0.293，$\theta^+ = 1.135°$，$\theta^- = -3.987°$，不满足式(5.51)和式(5.52)的条件，即理论上证明上述情况下，采用抑制交流负序电流控制策略的三相 Vienna 整流器不能稳定工作。交流侧三相电流和电压的关系、电流 THD 如图 5.19 所示。

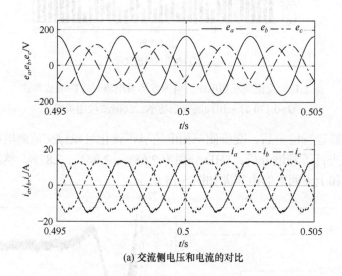

(a) 交流侧电压和电流的对比

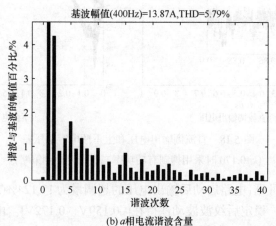

(b) *a* 相电流谐波含量

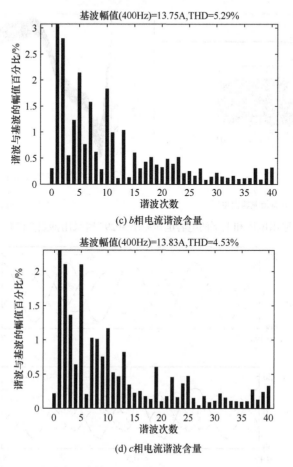

(c) b相电流谐波含量

(d) c相电流谐波含量

图 5.19　交流侧三相电压、电流波形及电流对应的谐波含量
(k=0.293 时采用抑制交流负序电流控制策略)

在整流器运行稳定后，交流侧三相电流基本平衡，对 a、b、c 相电流进行了频谱分析，THD 分别为 5.79%、5.29%、4.53%，偶次谐波含量较大。整流器的直流侧输出电压和上下两电容电压差如图 5.20 所示。

由图 5.20(a)可见，电路启动后输出电压的超调量为 15.441%(380.955V)，0.140s 后电路运行稳定，稳定后纹波波动保持在[−0.943V，1.194V]。由图 5.20(b)可见，电路启动后的上下两电容电压差最大波动值为−10.726V，在 0.486s 后上下电容电压差保持在[−0.907V，1.215V]。

经计算，$k=0.293$，$\theta^{+}=1.135°$，$\theta^{-}=-3.987°$，不满足式(5.65)和式(5.66)的条件，即理论上证明在交流侧 b 相电压跌落 33%，滞后 a 相电压 135°，c 相电压跌落 29%，滞后 a 相电压 222°情况下，采用抑制有功功率二次谐波控制策略的三相 Vienna 整流器不能够稳定工作。交流侧三相电流和电压的关系、电流 THD 如图 5.21 所示。

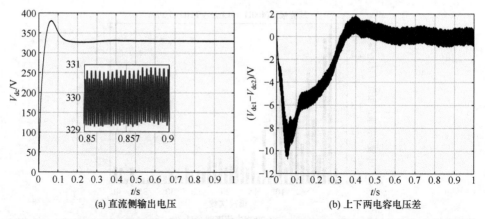

(a) 直流侧输出电压　　　　　　　　　　(b) 上下两电容电压差

图 5.20　直流侧输出电压和上下两电容电压差(k=0.293 时采用抑制交流负序电流控制策略)

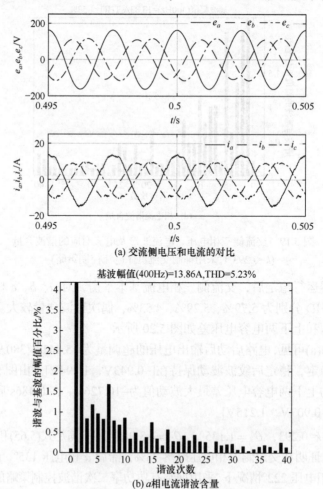

(a) 交流侧电压和电流的对比

基波幅值(400Hz)=13.86A,THD=5.23%

(b) a 相电流谐波含量

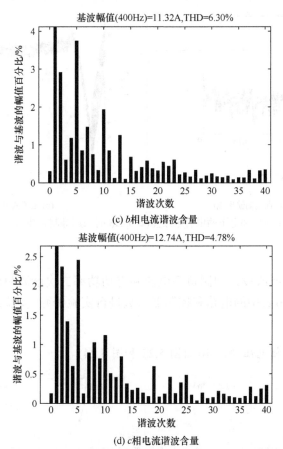

(c) b 相电流谐波含量

(d) c 相电流谐波含量

图 5.21　交流侧三相电压、电流波形及电流对应的谐波含量
(k=0.293 时采用抑制有功功率二次谐波控制策略)

在整流器运行稳定后，交流侧三相电流基本正弦化且跟踪交流侧电压，但对 a、b、c 相电流进行频谱分析后得：THD 分别为 5.23%、6.30%、4.78%，偶次谐波含量较大。整流器的直流侧输出电压和上下两电容电压差如图 5.22 所示。

由图 5.22(a)可见，电路启动后输出电压的超调量为 19.350%(393.856V)，0.467s 后电路运行稳定，稳定后纹波波动保持在[−0.207V，0.205V]。由图 5.22(b)可见，电路启动后的上下两电容电压差最大波动值为−6.243V，在 0.285s 后上下两电容电压差保持在[−0.474V，0.594V]。

根据以上仿真结果得出结论：当满足式(5.51)和式(5.52)的条件时，采用抑制交流负序电流控制策略，能使 Vienna 整流器的交流侧三相电流平衡且呈正弦化，电流谐波含量较小；当满足式(5.65)和式(5.66)的条件时，采用抑制有功功率二次谐波控制策略，能使 Vienna 整流器的交流侧三相电流正弦化且跟踪交流侧电压，电流谐波含量较小，且相比采用抑制交流负序电流的控制策略，直流侧输出电压纹波更小。

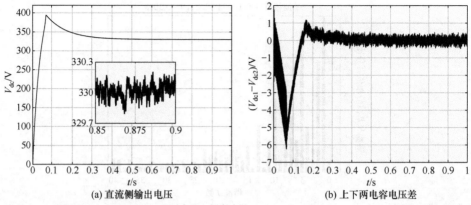

<table>
<tr><td align="center">(a) 直流侧输出电压</td><td align="center">(b) 上下两电容电压差</td></tr>
</table>

图 5.22　直流侧输出电压和上下两电容电压差(*k*=0.293 时采用抑制有功功率二次谐波控制策略)

5.5.3　实验验证

　　为进一步验证所设计抑制负序电流和有功功率二次谐波两种控制策略的有效性,本节按照仿真中的电路和控制器参数进行实验研究,实验结果如图 5.23～图 5.26 所示。

1. 交流侧 *c* 相电压跌落 40%(图 5.23 和图 5.24)

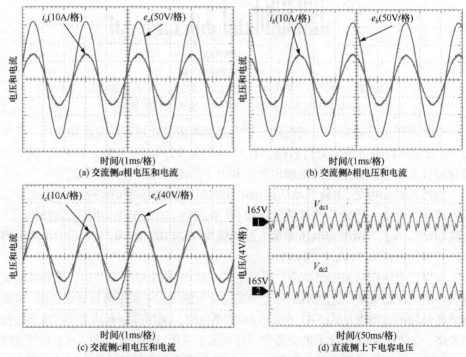

(a) 交流侧*a*相电压和电流　　　　　　　(b) 交流侧*b*相电压和电流

(c) 交流侧*c*相电压和电流　　　　　　　(d) 直流侧上下电容电压

图 5.23　采用抑制负序电流控制策略的电压、电流波形(交流侧 *c* 相电压跌落 40%)

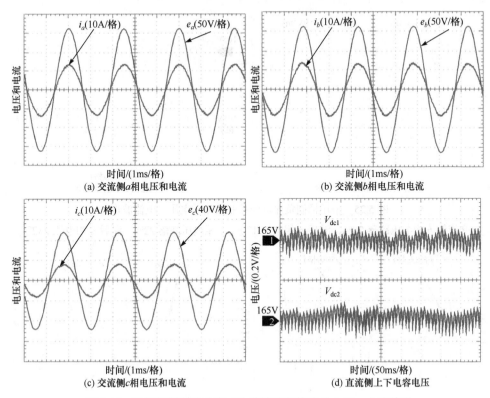

(a) 交流侧a相电压和电流　　　(b) 交流侧b相电压和电流

(c) 交流侧c相电压和电流　　　(d) 直流侧上下电容电压

图 5.24　采用抑制有功功率二次谐波控制策略的电压、电流波形

(交流侧 c 相电压跌落 40%)

2. 交流侧 b 相电压跌落 20%，滞后 a 相电压 130°，c 相电压跌落 22%，滞后 a 相电压 232°(图 5.25 和图 5.26)

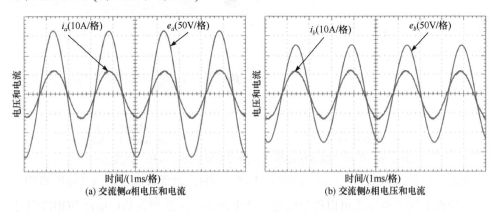

(a) 交流侧a相电压和电流　　　(b) 交流侧b相电压和电流

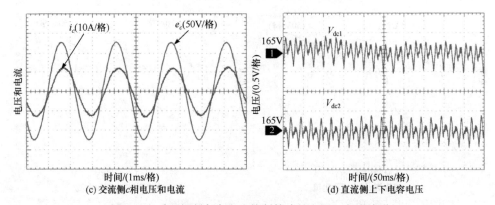

(c) 交流侧c相电压和电流　　　　　　　　　(d) 直流侧上下电容电压

图 5.25　采用抑制负序电流控制策略的电压、电流波形

(交流侧 b 相电压跌落 20%，滞后 a 相电压 130°，c 相电压跌落 22%，滞后 a 相电压 232°)

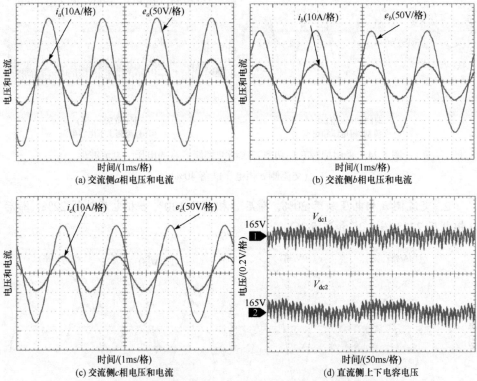

(a) 交流侧a相电压和电流　　　　　　　　　(b) 交流侧b相电压和电流

(c) 交流侧c相电压和电流　　　　　　　　　(d) 直流侧上下电容电压

图 5.26　采用抑制有功功率二次谐波控制策略的电压、电流波形

(交流侧 b 相电压跌落 20%，滞后 a 相电压 130°，c 相电压跌落 22%，滞后 a 相电压 232°)

　　根据上述实验结果可以得出结论，当电网不平衡度和正负序电压初相位满足稳定工作条件时，三相 Vienna 整流器能够工作在单位功率因数下，交流侧电流谐波含量较小；当采用抑制交流负序电流的控制策略时，交流侧电流三相平衡，但

直流侧输出电压纹波较大，当采用抑制有功功率二次谐波的控制策略时，交流侧电流能够跟随电压，虽然三相不平衡，但直流侧输出电压纹波较小，因此可以根据不同的控制需求选择对应的控制策略。

5.6　本 章 小 结

　　本章首先通过对称分量法将电网不平衡时的交流侧电压分解为正序分量和负序分量，并根据交流侧电压、电流的同步旋转变换得到了电网不平衡时瞬时功率的计算公式；然后根据控制目标的不同，改进了第 4 章提出的双闭环滑模控制方法，提出了一种抑制交流负序电流的控制策略和一种抑制有功功率二次谐波的控制策略；接着根据三相 Vienna 整流器调制的特点，确定了参考电压必须位于交流侧电流扇区对应的正六边形内这一稳定工作的原则，并根据该原则推导了上述两种控制策略下整流器的稳定工作条件；最后通过仿真和实验验证了在不同的电网不平衡度下，采用上述两种控制策略时三相 Vienna 整流器的工作情况，得出结论：当满足稳定工作条件时，整流器的交流侧电流能够保持正弦化，且谐波含量较小。

第6章 Buck 变换器的滞环滑模控制
设计与性能分析

6.1 引　　言

由于 Vienna 整流器不适于将 115V/400Hz 交流电直接变换为 270V 直流电，在本书的设计中，采用了一种先整流再降压的方式，在整流器的输出端加装了一个降压用的 Buck 变换器。在该设计中，Buck 变换器作为 Vienna 整流器的航空电子负载，其工作状态将直接影响整流器的性能。因此，本章将围绕 Buck 变换器的控制策略进行研究。目前在 Buck 变换器中较为常用的方法是基于小信号模型的线性控制方法[125-127]，在小信号模型中，系统的非线性方程在平衡点附近进行了线性化处理，因此当遇到大扰动时，基于小信号模型的控制方法将失效，甚至会出现分岔、混沌等非线性现象[182-185]。滑模控制是一种响应速度快、鲁棒性强的非线性控制方法，其在 DC-DC 变换器中的应用能够显著增强输出电压的稳定性并且扩大系统的稳定域。

从理论上讲，滑模控制需要超高的开关频率，这显然是通过电路元件无法实现的。在实际应用中，通常在滑模面的两侧加入滞环以限制切换频率，从而滑模控制就变成了一种有限开关频率的准滑模控制[186, 187]。目前这类准滑模控制方法已被广泛地应用于 DC-DC 变换器中，但是之前的研究主要存在以下问题：设计控制器参数时主要考虑了系统稳定性的影响，对这些参数与系统动态性能、稳态性能之间的关系并未进行充分的分析；滞环宽度的选取主要是以经验为主，缺乏理论支撑；控制器的设计是基于连续导电模式(continuous conduction mode，CCM)或断续导电模式(discontinuous conduction mode，DCM)中的一种进行的；有关电路参数、控制器参数对工作模式影响的研究较少[188]。

针对以上问题，本章在分析广义滑模存在条件和滑模参数关系的基础上，根据二阶误差模型的相平面图，分析并确定 CCM 和 DCM 两种工作模式的边界和收敛情况，在此基础上分析滑模面系数和滞环宽度对输出电压纹波、调节时间和开关频率的影响，并最终通过仿真和实验验证上述结论。

6.2　模型建立与滑模控制器设计

Buck 变换器的工作原理如图 6.1 所示，当开关 S_k 导通($u=1$)时，二极管 VD 反偏，电感电流增加，电感储能；当开关 S_k 关断($u=0$)时，二极管 VD 正偏，电感电流下降，电感供能。同时，根据电感电流的连续与否，Buck 变换器的工作模式分为 CCM 和 DCM 两种。对于运行在 CCM 和 DCM 下的 Buck 变换器建模如下。

$$\begin{cases} L\dfrac{\mathrm{d}i_L}{\mathrm{d}t} = -kV_o + V_i u \\ C\dfrac{\mathrm{d}V_o}{\mathrm{d}t} = i_L - \dfrac{V_o}{R} \end{cases} \tag{6.1}$$

式中

$$k = \begin{cases} 0, & i_L = 0 \\ 1, & i_L \neq 0 \end{cases}, \quad u = \begin{cases} 0, & S_k\text{开通} \\ 1, & S_k\text{关断} \end{cases} \tag{6.2}$$

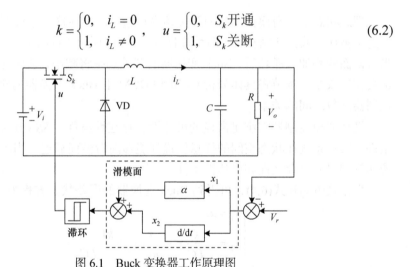

图 6.1　Buck 变换器工作原理图

本节采用一种基于滑模控制的电压控制策略，根据输出电压跟随参考电压 V_r 并保持稳定的控制目标，设计滑模面如下：

$$S = \alpha x_1 + x_2 \tag{6.3}$$

式中

$$\begin{cases} x_1 = V_r - V_o \\ x_2 = \dot{x}_1 \end{cases} \tag{6.4}$$

理想条件下，系统轨迹一旦穿过滑模面就立即返回，因此控制量与滑模面的关系如下：

$$u = \begin{cases} 0, & S < 0 \\ 1, & S > 0 \end{cases} \qquad (6.5)$$

然而，上述情况将产生超高的开关频率，这显然是无法通过电路元件实现的，因此在设计控制器时，需要在滑模面两侧加入滞环，将开关频率限制在一个可实现的范围内，从而式(6.5)重新定义为

$$u = \begin{cases} 1, & S > \delta \\ 0, & S < -\delta \\ \text{保持}, & \text{其他} \end{cases} \qquad (6.6)$$

式中，δ 为滞环宽度。

6.3 闭环系统的相平面分析

理想状态下，滑模控制器的开关频率是超高的，在这种条件下，闭环系统的轨迹可被认为收敛于滑模面，即系统收敛于一个稳定平衡点。在实际工程设计中，当滑模面两侧加入滞环后，Buck 变换器的开关频率将减小，系统的轨迹和收敛性也会相应改变，本节将具体分析 CCM 和 DCM 下 Buck 变换器的轨迹与各电路、控制器参数之间的关系。

设计滑模控制器需满足滑模的可达性、存在性条件。$S\dot{S} < 0$ 为广义滑模存在条件，表示系统在状态空间的任意位置都能够向滑模面靠近，当满足该条件时系统能够同时满足存在性和可达性条件。

根据式(6.1)和式(6.4)，可得到 Buck 变换器的误差状态方程为

$$\begin{cases} \dot{x}_1 = x_2 \\ \dot{x}_2 = -\dfrac{k}{LC}x_1 - \dfrac{1}{RC}x_2 + \dfrac{kV_r - uV_i}{LC} \end{cases} \qquad (6.7)$$

将式(6.6)和式(6.7)代入广义滑模存在条件，可得

$$\dot{S} = \begin{cases} \omega_1 = -\dfrac{1}{LC}x_1 + \left(\alpha - \dfrac{1}{RC}\right)x_2 + \dfrac{V_r - V_i}{LC} < 0, & S > \delta \\ \omega_2 = -\dfrac{1}{LC}x_1 + \left(\alpha - \dfrac{1}{RC}\right)x_2 + \dfrac{V_r}{LC} > 0, & S < -\delta, i_L \neq 0 \\ \omega_3 = \left(\alpha - \dfrac{1}{RC}\right)x_2 > 0, & S < -\delta, i_L = 0 \end{cases} \qquad (6.8)$$

当 $\dot{S} > 0$、S 超过 δ 时，$\dot{S}$ 的值由 ω_2 或 ω_3 变为 ω_1；当 $\dot{S} < 0$、S 低于 $-\delta$ 时，$\dot{S}$ 的值由 ω_1 变为 ω_2 或 ω_3；其余情况 $\dot{S}$ 的值不变。

根据式(6.1)和式(6.4)，电感电流可表示为

$$i_L = -\frac{1}{R}x_1 - Cx_2 + \frac{V_r}{R} \tag{6.9}$$

由式(6.9)可知直线 i_L 过坐标上的点 $(V_r, 0)$ 和 $(0, V_r/(RC))$。

1. 工作在 CCM 时的情况

1) $\alpha > 1/(RC)$ 时

如图 6.2 所示，$Q_2(V_r, 0)$ 是系统轨迹的初始点，图中存在三个满足广义滑模存在条件的区域，即 $D_1 = \{x_1, x_2 | \omega_1 < 0, S > -\delta\}$，$D_2 = \{x_1, x_2 | \omega_2 > 0, S < \delta\}$，$D_5 = \{x_1, x_2 | \omega_3 > 0, S < \delta, i_L = 0\}$。当 $\alpha > 1/(RC)$ 时，区域 D_5 可以简化为 $\{x_1, x_2 | x_2 > 0, S < \delta, i_L = 0\}$，即直线 $i_L = 0$ 上的一段。由于 $\|P_1 P_2\| < \|Q_1 Q_2\|$，系统轨迹会进入一个不满足广义滑模存在条件的区域 $D_3 = \{x_1, x_2 | \dot{S} < 0, S < -\delta\}$，这种情况下，系统轨迹将进一步远离滑模面，直到进入区域 D_2 后才会再次向滑模面运动。如果系统轨迹与直线 $i_L = 0$ 无交点，那么 Buck 变换器将保持工作在 CCM 下，系统轨迹将最终收敛于一个在 $S = \delta$ 和 $S = -\delta$ 之间围绕着原点的极限环。式(6.7)可以表示成以下矩阵形式：

$$\dot{\boldsymbol{x}} = \boldsymbol{A}_k \boldsymbol{x}(t) + \boldsymbol{B}_k V_i, \quad k = 1, 2, 3 \tag{6.10}$$

式中

$$\boldsymbol{A}_1 = \boldsymbol{A}_2 = \begin{bmatrix} 0 & 1 \\ -\dfrac{1}{LC} & -\dfrac{1}{RC} \end{bmatrix}, \quad \boldsymbol{A}_3 = \begin{bmatrix} 0 & 1 \\ 0 & -\dfrac{1}{RC} \end{bmatrix}$$

$$\boldsymbol{B}_1 = \begin{bmatrix} 0 \\ \dfrac{V_r - V_i}{LC} \end{bmatrix}, \quad \boldsymbol{B}_2 = \begin{bmatrix} 0 \\ \dfrac{V_r}{LC} \end{bmatrix}, \quad \boldsymbol{B}_3 = \begin{bmatrix} 0 \\ 0 \end{bmatrix}$$

求解微分方程(6.10)可得

$$\boldsymbol{x}(t) = \begin{bmatrix} x_1(t) \\ x_2(t) \end{bmatrix} = \mathrm{e}^{A_k t} \boldsymbol{x}_0 + \boldsymbol{A}_k^{-1}(\boldsymbol{I} - \mathrm{e}^{A_k t}) \boldsymbol{B}_k \tag{6.11}$$

式中，$\mathrm{e}^{A_k t}$ 可通过凯莱-哈密顿定理展开计算：

$$\mathrm{e}^{At} = \boldsymbol{I} + \boldsymbol{A}t + \frac{1}{2}\boldsymbol{A}^2 t^2 + \cdots + \frac{1}{(n-1)!}\boldsymbol{A}^{n-1} t^{n-1} + \frac{1}{n!}\boldsymbol{A}^n t^n + \frac{1}{(n+1)!}\boldsymbol{A}^{n+1} t^{n+1} \tag{6.12}$$

系统轨迹收敛的极限环与 $S = \delta$、$S = -\delta$ 的交点坐标为 $N_a : [x_a \quad \delta - \alpha x_a]^{\mathrm{T}}$ 和 $N_b : [x_b \quad \delta - \alpha x_b]^{\mathrm{T}}$，设经 t_1 后由 N_1 到 N_2，经 t_2 后由 N_2 到 N_1，则满足以下条件：

$$\begin{bmatrix} x_b \\ \delta - \alpha x_b \end{bmatrix} = \mathrm{e}^{A_1 t_1} \cdot \begin{bmatrix} x_a \\ \delta - \alpha x_a \end{bmatrix} + A_1^{-1}(I - \mathrm{e}^{A_1 t_1})B_1 \tag{6.13}$$

$$\begin{bmatrix} x_a \\ \delta - \alpha x_a \end{bmatrix} = \mathrm{e}^{A_2 t_2} \cdot \begin{bmatrix} x_b \\ \delta - \alpha x_b \end{bmatrix} + A_2^{-1}(I - \mathrm{e}^{A_2 t_2})B_2 \tag{6.14}$$

根据式(6.13)和式(6.14)求解 x_a、x_b，可以确定极限环的具体位置。当 Buck 变换器保持工作在 CCM 时，系统轨迹与直线 $i_L = 0$ 无交点，即 $i_L = 0$ 和 $S = \delta$ 的交点 M_0 在 N_a 点左侧或在 Q_2 点右侧。

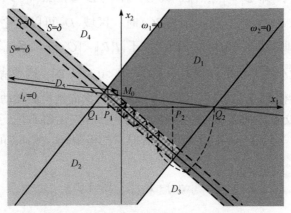

图 6.2　$\alpha > 1/(RC)$ 时的滑模区域(工作在 CCM)

通过计算得到 $i_L = 0$ 和 $S = \delta$ 的交点位置为

$$M_0 : \left(\dfrac{\delta - \dfrac{V_r}{RC}}{\alpha - \dfrac{1}{RC}}, \dfrac{\alpha V_r - \delta}{RC\left(\alpha - \dfrac{1}{RC}\right)} \right) \tag{6.15}$$

当 N_a 点在 M_0 的右侧，即 $\delta < V_r/(RC)+x_a[\alpha-1/(RC)]$ 时，Buck 变换器工作在 CCM。直接求解式(6.13)和式(6.14)的计算量很大，本章通过数值仿真求解，得到 $x_a \approx 0$，即当 $\delta < V_r/(RC)$ 时，Buck 变换器工作在 CCM 下。

2) $\alpha \leqslant 1/(RC)$ 时

如图 6.3 所示，当 $\alpha \leqslant 1/(RC)$ 时，由于 $\|P_1 P_2\| > \|Q_1 Q_2\|$，系统轨迹不会进入区域 D_3，而是保持在 D_1、D_2 这两个满足广义滑模条件的区域内运动。通过分析得到：①当 $i_L = 0$ 和 $S = \delta$ 的交点 M_0 在直线 $x_1 = V_r$ 右侧时，系统轨迹与直线 $i_L = 0$ 无交点，即 $\delta < \alpha V_r$，如图 6.3(a)所示；②当交点 M_0 位于 Q_2 点左侧、首个开关周期末的系统坐标点 M_2 之右时，系统轨迹与直线 $i_L = 0$ 无交点，如图 6.3(b)所示。

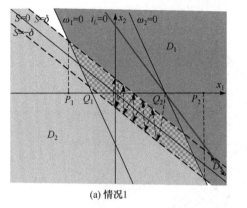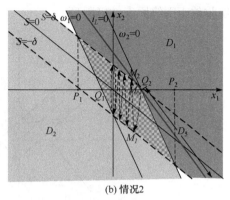

(a) 情况1　　　　　　　　　　　(b) 情况2

图 6.3　$\alpha \leqslant 1/(RC)$ 时的滑模区域(工作在 CCM)

系统轨迹从 $Q_2(V_r,0)$ 点出发，经 t_1 后首次到达 $S=-\delta$，再经 t_2 后首次返回 $S=\delta$，满足以下条件：

$$\begin{bmatrix} x_{M_1} \\ \delta - \alpha x_{M_1} \end{bmatrix} = \mathrm{e}^{A_1 t_1} \cdot \begin{bmatrix} V_r \\ 0 \end{bmatrix} + A_1^{-1}(I - \mathrm{e}^{A_1 t_1})B_1 \tag{6.16}$$

$$\begin{bmatrix} x_{M_2} \\ \delta - \alpha x_{M_2} \end{bmatrix} = \mathrm{e}^{A_2 t_2} \cdot \begin{bmatrix} x_{M_1} \\ \delta - \alpha x_{M_1} \end{bmatrix} + A_2^{-1}(I - \mathrm{e}^{A_2 t_2})B_2 \tag{6.17}$$

通过式(6.16)和式(6.17)可求得 x_{M_2}，即得到首次返回 $S=\delta$ 的位置。由此得到，当 $\alpha \leqslant 1/(RC)$ 时，Buck 变换器工作在 CCM 的条件是

$$\frac{\delta - \dfrac{V_r}{RC}}{\alpha - \dfrac{1}{RC}} > x_{M_2} \tag{6.18}$$

即当 $\delta < \alpha V_r + [1/(RC) - \alpha](V_r - x_{M_2})$ 时，Buck 变换器工作在 CCM。

2. 工作在 DCM 时的情况

1) $\alpha > 1/(RC)$ 时

如图 6.4 所示，当 $i_L = 0$ 和 $S = \delta$ 的交点 M_0 在 $x_1 = x_a$ 和 $x_1 = V_r$ 之间时，即 $V_r/(RC) + x_a[\alpha - 1/(RC)] \leqslant \delta < \alpha V_r$，其中 $x_a \approx 0$，系统轨迹会与直线 $i_L = 0$ 有交点，即系统运动过程中电感电流会下降到零，Buck 变换器将工作在 DCM。当系统轨迹与直线 i_L 相交后，系统轨迹将沿着直线 $i_L = 0$ 向交点 M_0 移动，最终在该交点和 $S = -\delta$ 之间形成一个极限环。该极限环与期望的平衡点 (0,0) 之间的距离与 M_0 的位置有关，因此通过设计合适的电路与控制器参数，使 M_0 接近 x_2 轴，能够使系

统收敛于围绕原点的极限环。

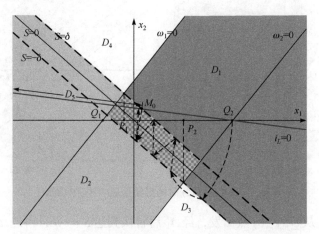

图 6.4 $\alpha > 1/(RC)$ 时的滑模区域(工作在 DCM)情况 1

当 $\delta \geqslant \alpha V_r$ 时，$i_L = 0$ 和 $S = \delta$ 的交点 M_0 在 $x_1 = V_r$ 右侧(包括 Q_2 点上)，当系统轨迹与 $i_L = 0$ 相交后，系统轨迹将沿着直线 $i_L = 0$ 移动并最终收敛到初始点 $Q_2(V_r,0)$，如图 6.5 所示。

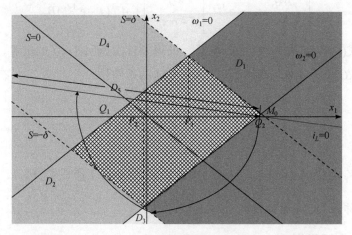

图 6.5 $\alpha > 1/(RC)$ 时的滑模区域(工作在 DCM)情况 2

2) $\alpha \leqslant 1/(RC)$ 时

如图 6.6 所示，当 M_0 位于 $Q_2(V_r,0)$ 点左侧时，即 $\delta \geqslant \alpha V_r + [1/(RC) - \alpha](V_r - x_{M_2})$，系统轨迹通常会与直线 $i_L = 0$ 相交，相交后系统轨迹将沿着直线 $i_L = 0$ 移动并最终收敛到初始点 $Q_2(V_r,0)$ 点，收敛情况与 $\alpha > 1/(RC)$ 且 $\delta \geqslant \alpha V_r$ 时相同。

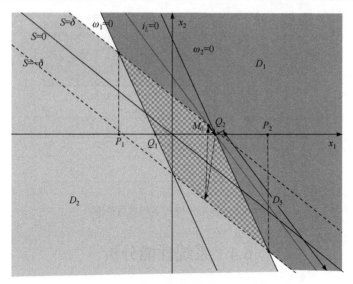

图 6.6　$\alpha \leqslant 1/(RC)$ 时的滑模区域(工作在 DCM)

Buck 变换器的工作模式与控制器参数的关系总结见表 6.1。

表 6.1　各工作模式下的参数范围和收敛情况

工作模式	CCM	
区域	①	
α	$\alpha > 1/(RC)$	$\alpha \leqslant 1/(RC)$
δ	$\delta < V_r/(RC)+x_a[\alpha-1/(RC)]$	$\delta < \alpha V_r+[1/(RC)-\alpha](V_r-x_{M_2})$
收敛情况	收敛于一个围绕着原点的极限环	收敛于一个围绕着原点的极限环

工作模式	DCM		
区域	②	③	
α	$\alpha > 1/(RC)$	$\alpha > 1/(RC)$	$\alpha \leqslant 1/(RC)$
δ	$V_r/(RC)+x_a[\alpha-1/(RC)] \leqslant \delta < \alpha V_r$	$\delta \geqslant \alpha V_r$	$\delta \geqslant \alpha V_r+[1/(RC)-\alpha](V_r-x_{M_2})$
收敛情况	收敛于一个过 M_0 的极限环	收敛于初始点 $Q_2(V_r,0)$	

各区域的边界如图 6.7 所示。

在图 6.7 中，由于 $x_a[\alpha-1/(RC)]$ 和 $[1/(RC)-\alpha](V_r-x_{M_2})$ 相比 $V_r/(RC)$ 和 αV_r 较小，所以 $\delta=V_r/(RC)+x_a[\alpha-1/(RC)]$ 和 $\delta=\alpha V_r+[1/(RC)-\alpha](V_r-x_{M_2})$ 近似为一条直线，实际上 $\delta=V_r/(RC)+x_a[\alpha-1/(RC)]$ 和 $\delta=V_r/(RC)$、$\delta=\alpha V_r+[1/(RC)-\alpha]\cdot(V_r-x_{M_2})$ 和 $\delta=\alpha V_r$ 并不重合。

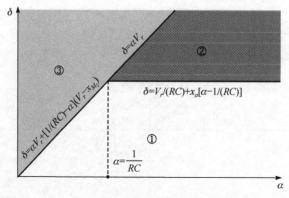

图 6.7　各工作模式下的参数范围

6.4　系统性能分析

本节主要分析滑模面系数 α、滞环宽度 δ 与 Buck 变换器的稳态性能、瞬态性能、开关频率之间的关系。

6.4.1　稳态性能

通过前文分析，当选择合适的滑模面系数和滞环宽度时，无论 Buck 变换器工作在 CCM 还是 DCM，系统轨迹均可收敛于一个围绕着原点且在两个滞环边界之间的极限环。在滞环边界满足 $\alpha x_1 + \dot{x}_1 = \pm\delta$，即输出电压纹波的大小主要与 δ 的取值有关，纹波会随着 δ 增大而增大。

6.4.2　瞬态性能

对于滑模控制下的 Buck 变换器，系统轨迹的运动可分为趋近运动和滑模运动。在趋近运动中，根据前文的分析，当 $\alpha > 1/(RC)$ 时，系统轨迹会进入一个不满足广义滑模存在条件的区域 D_3，在该区域系统轨迹会逐渐远离滑模面，直至系统轨迹进入区域 D_2，因此系统在趋近运动的时间将会随着 α 提高而增加。

而对于滑模运动，根据其滑模面 $S = \alpha x_1 + x_2 = 0$，x_1 可以求解为

$$x_1 = x_1(t_0)\mathrm{e}^{-\alpha t} \tag{6.19}$$

这表明滑模运动的速度正相关于 α，即 α 越大，滑模运动的时间越短，这与趋近运动正好相反。一般来说，当偏离滑模面距离较近时，系统轨迹的运动主要集中于滑模运动，滑模运动的时间远长于趋近运动的时间。因此，设计参数时，应该主要考虑对滑模运动的影响，选择 $\alpha > 1/(RC)$ 时的参数，但同时也要考虑到过大的 α 值将会产生较大超调。

6.4.3　开关频率

当 Buck 变换器工作在 CCM 时，系统轨迹收敛于一个围绕着原点且在两个滞环边界之间的极限环。如图 6.8 所示，当 $u=1$ 时，系统轨迹由 $S=\delta$ 向 $S=-\delta$ 运动；当 $u=0$ 时，系统轨迹由 $S=-\delta$ 向 $S=\delta$ 运动。

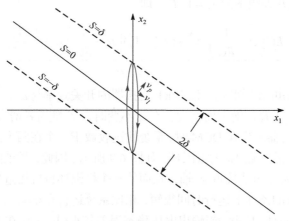

图 6.8　CCM 下的系统极限环

系统轨迹的运动速度在 $S=0$ 法线方向的分量为

$$v_p = \nabla S \cdot \dot{\boldsymbol{x}} = \frac{\partial S}{\partial x_1}\frac{\mathrm{d}x_1}{\mathrm{d}t} + \frac{\partial S}{\partial x_2}\frac{\mathrm{d}x_2}{\mathrm{d}t} = \dot{S} \tag{6.20}$$

将式(6.8)代入式(6.20)可得

$$v_p = \begin{cases} -\dfrac{1}{LC}x_1 + \left(\alpha - \dfrac{1}{RC}\right)x_2 + \dfrac{V_r - V_i}{LC}, & u=1 \\[3mm] -\dfrac{1}{LC}x_1 + \left(\alpha - \dfrac{1}{RC}\right)x_2 + \dfrac{V_r}{LC}, & u=0, i_L \neq 0 \\[3mm] \left(\alpha - \dfrac{1}{RC}\right)x_2 > 0, & u=0, i_L = 0 \end{cases} \tag{6.21}$$

由式(6.21)可得 $S=\delta$ 到 $S=-\delta$ 的时间 t_1 和 $S=-\delta$ 到 $S=\delta$ 的时间 t_2 为

$$\begin{cases} t_1 = \dfrac{-2\delta}{-\dfrac{1}{LC}x_1 + \left(\alpha - \dfrac{1}{RC}\right)x_2 + \dfrac{V_r - V_i}{LC}} \\[6mm] t_2 = \dfrac{2\delta}{-\dfrac{1}{LC}x_1 + \left(\alpha - \dfrac{1}{RC}\right)x_2 + \dfrac{V_r}{LC}} \end{cases} \tag{6.22}$$

当系统进入稳态后，$x_1 \approx 0$，所以周期时间为

$$T = t_1 + t_2 = \frac{-2V_i\delta}{LC\left(\alpha - \dfrac{1}{RC}\right)^2 x_2^2 + (2V_r - V_i)\left(\alpha - \dfrac{1}{RC}\right)x_2 + \dfrac{V_r(V_r - V_i)}{LC}} \quad (6.23)$$

稳定时系统开关频率为 $f_s = 1/T$，即

$$f_s = \frac{LC\left(\alpha - \dfrac{1}{RC}\right)^2 x_2^2 + (2V_r - V_i)\left(\alpha - \dfrac{1}{RC}\right)x_2 + \dfrac{V_r(V_r - V_i)}{LC}}{-2V_i\delta} \quad (6.24)$$

根据式(6.24)可分析得到，该 Buck 变换器的开关频率与 α、δ 的取值有关，在 δ 不变时，f_s 随着 α 增大而增大；在 α 不变时，f_s 随着 δ 增大而减小。

当 Buck 变换器工作在 DCM 时，系统轨迹收敛于一个在两个滞环边界之间且过 $i_L = 0$ 和 $S = \delta$ 的交点 M_0 的极限环，如图 6.9 所示。因此，欲消除输出电压的稳态误差，应使 M_0 尽可能接近 x_2 轴，从而使整个极限环位置接近原点，在这种情况下系统在 $i_L=0$ 的条件下运行时间很短，相比系统运行在 $u=1$ 和 $u=0$、$i_L \neq 0$ 的时间，可以忽略不计。因此，当输出电压稳态误差较小时，工作在 DCM 下的 Buck 变换器的工作周期和开关频率可以按照式(6.23)和式(6.24)近似计算。

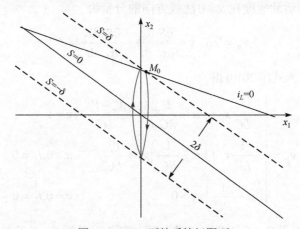

图 6.9　DCM 下的系统极限环

6.5　仿真与实验验证

为进一步验证以上控制器设计的方法，本节对基于滞环滑模控制的 Buck 电路进行仿真验证。仿真参数如下：输入电压 V_i=330V，输出参考电压 V_r=270V，电容 C=1400μF，电感 L=0.075mH，额定工作状态的电阻 R=24.3Ω。

6.5.1　CCM 与 DCM 边界

由设置的电路参数可知：$1/(RC) \approx 29.40$，$V_r/(RC) \approx 7936.51$，根据表 6.1 中所示 Buck 电路在各工作模式下的参数范围，当 $\alpha > 1/(RC)$ 时，$\delta = V_r/(RC) + x_a[\alpha - 1/(RC)]$ 是 Buck 变换器工作在 CCM 和 DCM 的边界，本章利用数值仿真的方法确定 $x_a[\alpha - 1/(RC)]$ 和 α、δ 的关系，如图 6.10 所示。

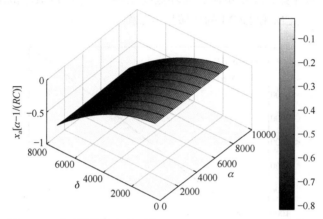

图 6.10　通过数值仿真得到的 $x_a[\alpha - 1/(RC)]$ 和 α、δ 的关系

在图 6.10 中，α 取 1000～9000，步长为 1000；δ 取 1000～7900，步长为 100，由图可知，$x_a[\alpha - 1/(RC)]$ 的范围在 $-1 \sim 0$，相比 δ，可忽略不计，即当 $\alpha > 1/(RC)$ 时，$\delta = V_r/(RC)$ 可作为 Buck 电路工作在 CCM 和 DCM 的边界。

除此之外，当 $\alpha \leqslant 1/(RC)$ 时，$\delta = \alpha V_r + [1/(RC) - \alpha](V_r - x_{M_2})$ 是 Buck 电路中 CCM 和 DCM 的另一条边界，同样利用数值仿真的方法，确定了 $[1/(RC) - \alpha](V_r - x_{M_2})$ 和 α、δ 的关系，如图 6.11 所示。

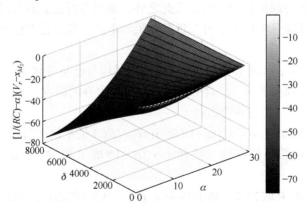

图 6.11　通过数值仿真得到的 $[1/(RC) - \alpha](V_r - x_{M_2})$ 和 α、δ 的关系

在图 6.11 中，α 取 1～29，步长为 1；δ 取 1000～8000，步长为 100。由图可知，$[1/(RC)-\alpha](V_r - x_{M_2})$ 的值虽较小，但相比 αV_r 不可忽略，根据上述情况，为简化参数设计过程，设定 $\delta=\alpha V_r$ 和 $\delta=\alpha V_r - \varepsilon_m$ 为 $\alpha \leqslant 1/(RC)$ 时 CCM 和 DCM 的边界，在已给定的控制器参数范围内，$\varepsilon_m = 80$。当 $\delta \geqslant \alpha V_r$ 时，Buck 变换器工作在 DCM；当 $\delta \leqslant \alpha V_r - \varepsilon_m$ 时，Buck 变换器工作在 CCM；由于工作模式的确定需要较为复杂的计算，应尽量避免滞环宽度在 $\alpha V_r - \varepsilon_m < \delta < \alpha V_r$ 范围内取值。当 $\alpha \leqslant 1/(RC)$ 时，CCM 和 DCM 的区域划分如图 6.12 所示。

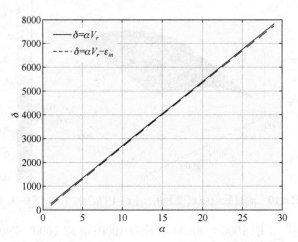

图 6.12　当 $\alpha \leqslant 1/(RC)$ 时 CCM 和 DCM 的区域划分

6.5.2　电路参数变化对 CCM、DCM 边界的影响

在航空供电系统中，输出端负载的变化是非常普遍的，特别是大功率非线性负载的突加突卸对供电系统的带载能力提出了很高的要求，因此在设计控制器时应重点考虑突加突卸负载的影响；除此之外，输出电容也会随时间的推移产生摄动，因此应该详细分析输出电容与负载电阻等电路参数变化对控制器参数设计的影响。

由图 6.7 可知，区域①与②、①与③的边界均与电路参数 R、C 有关，因此下面将主要分析电路参数 R、C 对①与②、①与③边界的影响。

1) R、C 对①与②边界的影响

当 $\alpha > 1/(RC)$ 时，$\delta = x_a[\alpha - 1/(RC)] + V_r/(RC)$ 是系统工作在 CCM 和 DCM 的分界线，通过数值仿真的方法确定 $x_a[\alpha - 1/(RC)]$ 和 R、C 的关系如图 6.13 所示。

在图 6.13 中，R 取 24.3～36.45Ω(对应着 3～2kW 的输出功率)，步长为 0.405Ω；C 取 1000～2000μF，步长为 50μF；$\alpha = 1000$，$\delta=3000$。由图可知，$x_a[\alpha - 1/(RC)]$

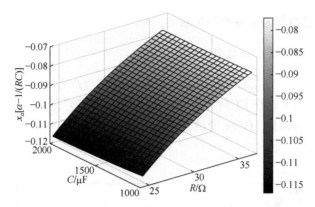

图 6.13　通过数值仿真得到的 $x_a[\alpha-1/(RC)]$ 和 R、C 的关系

随 R、C 变化不大，且相比 $V_r/(RC)$ 较小，可忽略不计。因此，在考虑负载电阻和输出电容的变化后，当 $\alpha>1/(RC)$ 时，$\delta=V_r/(RC)$ 仍可作为 Buck 电路工作在 CCM 和 DCM 的分界线。设定负载电阻和输入电容在 $[R_{\min},R_{\max}]$ 和 $[C_{\min},C_{\max}]$ 范围内变化，当 $\alpha>1/(R_{\min}C_{\min})$、$\delta\geqslant V_r/(R_{\min}C_{\min})$ 时，Buck 电路工作在 DCM 下；当 $\delta<V_r/(R_{\max}C_{\max})$ 时，Buck 电路工作在 CCM 下；当 $V_r/(R_{\max}C_{\max})\leqslant\delta<V_r/(R_{\min}C_{\min})$ 时，Buck 电路会随着 R、C 的变化在 CCM、DCM 之间变换。

2) R、C 对①与③边界的影响

利用数值仿真的方法确定 $[1/(RC)-\alpha](V_r-x_{M_2})$ 和 R、C 的关系如图 6.14 所示。

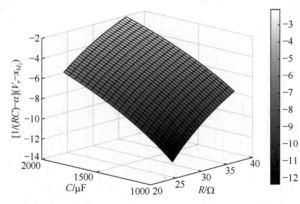

图 6.14　通过数值仿真得到的 $[1/(RC)-\alpha](V_r-x_{M_2})$ 和 R、C 的关系

在图 6.14 中，R 取 24.3~36.45Ω(对应着 3~2kW 的输出功率)，步长为 0.405Ω；C 取 1000~2000μF，步长为 50μF。由图可知，$[1/(RC)-\alpha](V_r-x_{M_2})$ 随 R、C 的变化不大，为简化参数设计过程，依然可以设定 $\delta=\alpha V_r$ 和 $\delta=\alpha V_r-\varepsilon_m$ 为 $\alpha\leqslant1/(RC)$ 时 CCM 和 DCM 的边界，在已给定的控制器参数范围内，$\varepsilon_m=80$，且这两个边界不受 R、C 变化的影响。

6.5.3 控制器参数与系统性能的关系

1. CCM 下控制器参数对系统性能的影响

在下列仿真中，首先取一组 $\alpha > 1/(RC)$，$\delta < V_r/(RC)+x_a[\alpha-1/(RC)]$ 的参数，此时 Buck 变换器工作在 CCM 下，当取 $\alpha=466$、$\delta=1557$ 时，根据式(6.24)计算得到开关频率为 150kHz，Buck 变换器中 x_1、x_2 构成的相图，电感电流、输出电压的波形图如图 6.15 所示。

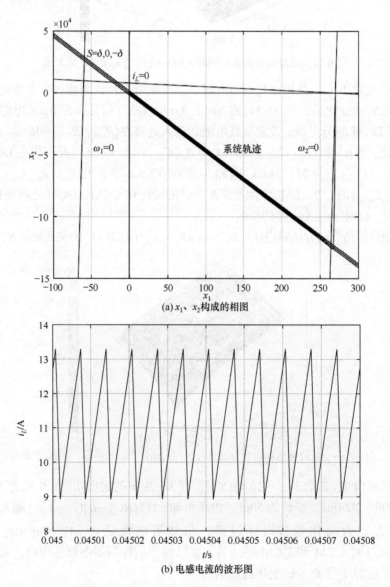

(a) x_1、x_2 构成的相图

(b) 电感电流的波形图

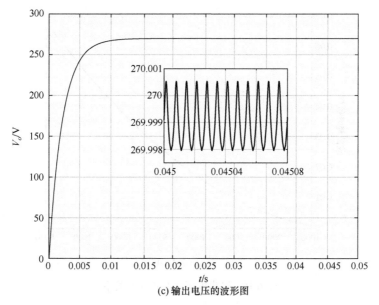

(c) 输出电压的波形图

图 6.15　α=466、δ=1557 时相图与波形图

由图 6.15 可知，当 α=466、δ=1557 时，Buck 电路工作在 CCM，系统在 0.017s 后稳定，稳定后输出电压的纹波的最大峰峰值为 0.0026V，系统无超调。

1) 输出电压纹波

输出电压纹波主要与 δ 有关，会随着 δ 的增加而增加，如图 6.16 所示。

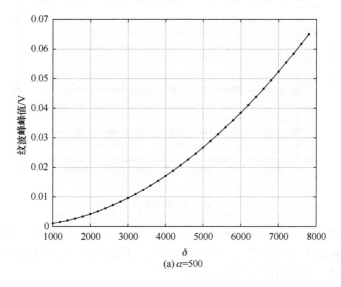

(a) α=500

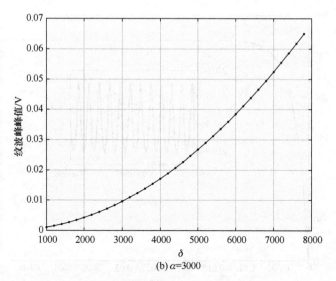

(b) $\alpha=3000$

图 6.16　输出电压纹波与 δ 的关系

在图 6.16(a)和(b)中，α 分别取 500 和 3000，δ 取 1000～7900，步长为 200，由图可以看出，输出电压纹波会随着 δ 的增加而增加。

图 6.17 为不同 δ 时，输出电压纹波与 α 的关系。

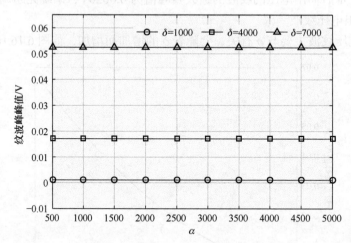

图 6.17　输出电压纹波与 α 的关系

在图 6.17 中，α 取 500～5000，步长为 500，δ 分别取 1000、4000 和 7000，由图可知，相比于滞环宽度 δ，滑模面系数 α 对输出电压纹波影响不大。

2) 输出电压的调节时间和超调量

Buck 变换器输出电压的调节时间、超调量与 α 的关系如图 6.18 所示。

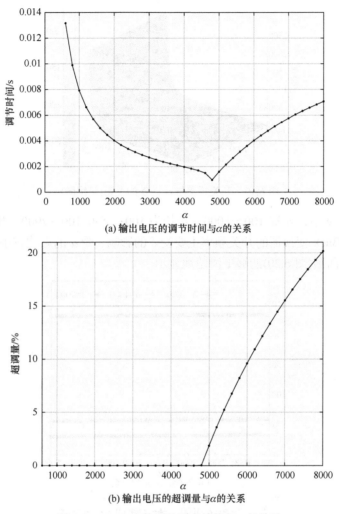

(a) 输出电压的调节时间与α的关系

(b) 输出电压的超调量与α的关系

图 6.18　Buck 变换器的瞬态性能与α的关系

　　在图 6.18 中，α 取 600~8000，步长为 200，δ 取 3000，由图可知，在 α=4800 之前，调节时间将随 α 增加而减小，这时对系统收敛情况影响更大的是滑模运动，根据前文的分析，滑模运动的速度正相关于 α，因此 α 的增加会提高滑模运动的速度，同时由于系统轨迹在不满足滑模存在条件的区域 D_3 停留时间较短，所以系统趋近运动的时间较短，输出电压波形无超调；当 α⩾4800 时，α 的不断增大致使系统轨迹在区域 D_3 的时间变长，系统的趋近运动对收敛情况的影响越来越大，所以调节时间将随 α 增加而增大，输出电压的超调也会相应增大。

3) 开关频率

Buck 变换器开关频率与 α、δ 的关系如图 6.19 所示。

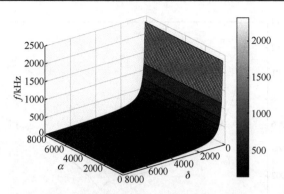

图 6.19　开关频率与 α 、δ 的关系(三维图)

　　在图 6.19 中，α 取 100~8000，步长为 100；δ 取 100~7900，步长为 100。由图可知，Buck 变换器的开关频率主要受 δ 的影响，受 α 的影响较小，这一结论通过二维平面图(图 6.20)能够更清楚地显示。

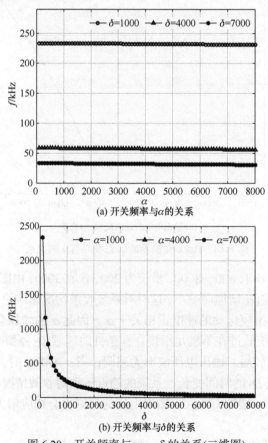

(a) 开关频率与 α 的关系

(b) 开关频率与 δ 的关系

图 6.20　开关频率与 α 、δ 的关系(二维图)

在图 6.20(a)中，α 取 $100\sim8000$，步长为 100，δ 分别取 1000、4000 和 7000，由图可见，相比于 δ，开关频率随着 α 的变化不大。在图 6.20(b)中，δ 取 $100\sim7900$，步长为 100，α 分别取 1000、4000 和 7000，由图可见，开关频率主要受 δ 变化的影响，随着 δ 的增加而降低。

2. DCM 下控制器参数对系统性能的影响

对于工作在 DCM 下的 Buck 变换器，其纹波大小、调节时间和开关频率等性能与控制器参数的关系与工作在 CCM 下的变换器基本相同，除了以上三种性能指标，根据前文分析：当工作于 DCM 时，系统收敛的极限环位置与 $i_L=0$ 和 $S=\delta$ 的交点 M_0 有关，即系统的稳态误差也与控制器参数的选择有关，为尽量减小系统的稳态误差，应使 M_0 靠近 x_2 轴。

当 $\alpha>1/(RC)$、$\delta\geqslant V_r/(RC)+x_a[\alpha-1/(RC)]$ 时，Buck 变换器工作在 DCM 下，取 $\alpha=500$、$\delta=7950$，Buck 变换器中 x_1、x_2 构成的相图，电感电流、输出电压的波形图如图 6.21 所示。

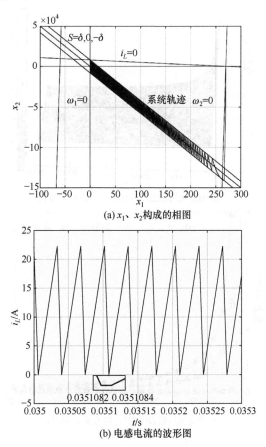

(a) x_1、x_2 构成的相图

(b) 电感电流的波形图

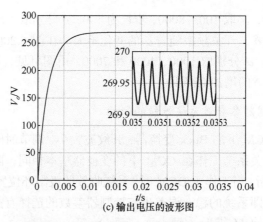

(c) 输出电压的波形图

图 6.21　α=500 、δ=7950 时相图与波形图

　　输出电压稳态误差与 α 、δ 的关系如图 6.22(a)(三维图)和图 6.22(b)、(c)(二维图)所示。

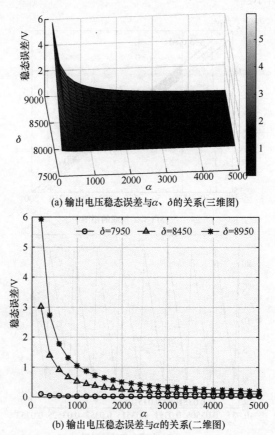

(a) 输出电压稳态误差与α、δ的关系(三维图)

(b) 输出电压稳态误差与α的关系(二维图)

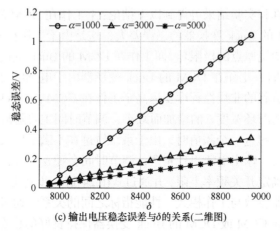

(c) 输出电压稳态误差与δ的关系(二维图)

图 6.22　输出电压稳态误差与 α 、δ 的关系

在图 6.22 中，α 取 200～5000，步长为 200，δ 取 7950～8950，步长为 50，由图可知，输出电压的稳态误差随着 α 的增加而减小，随着 δ 的增加而增加。

6.5.4　实验验证

为进一步验证控制策略的有效性，搭建了一台基于 TMS320F28377S 控制器的 Buck 变换器实验样机，实验参数为：输入电压 V_i=330V，输出参考电压 V_r=270V，电容 C=1400μF，电感 L=0.075mH，负载电阻 R=24.3Ω，控制器参数为 α_1=466 、δ_1=1557 (Buck 变换器工作在 CCM)，α_2=500 、δ_2=7950 (Buck 变换器工作在 DCM)，实验结果如图 6.23 所示。

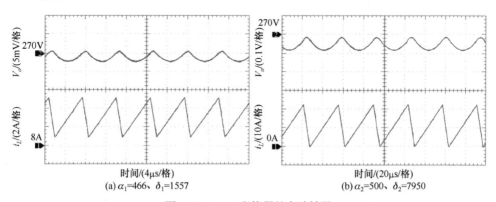

(a) α_1=466、δ_1=1557　　　　　(b) α_2=500、δ_2=7950

图 6.23　Buck 变换器的实验结果

由图 6.23 可知，当 $\alpha_1 = 466$ 、$\delta_1 = 1557$ 时，Buck 变换器工作在 CCM 下，输出电压稳态误差为 1.62mV，纹波峰峰值为 3.12mV；当 $\alpha_2 = 500$ 、$\delta_2 = 7950$ 时，Buck 变换器工作在 DCM 下，输出电压稳态误差为 43.87mV，纹波峰峰值为 63.22mV。

根据以上仿真和实验结果可得到以下结论:①工作在 DCM 的 Buck 变换器通常比工作在 CCM 的 Buck 变换器稳态误差大,这是由于工作在 CCM 的 Buck 变换器收敛于一个围绕原点的极限环,而工作在 DCM 的 Buck 变换器收敛于一个过 M_0 的极限环,同时,工作在 DCM 的 Buck 变换器由于电感电流变化范围更大,其作为航空电子负载的非线性程度要远高于工作在 CCM 的 Buck 变换器;②输出电压的纹波主要随滞环宽度 δ 的增加而减小,调节时间主要随滑模面系数 α 的增加而减小,但当 α 超过一个阈值时,由于系统轨迹在不满足广义滑模存在条件的区域停留时间过长,输出电压出现超调,调节时间会随 α 增加而增加。因此,根据电路硬件条件确定开关频率上限,并通过式(6.24)进一步确定 α、δ 的选择范围后,可根据控制器参数与工作模式、性能指标之间的关系,通过选择合适的控制器参数,使工作在 CCM 或 DCM 的 Buck 变换器保持良好的稳态和瞬态性能。

6.6 本 章 小 结

本章提出了一种适用于 Buck 变换器的滞环滑模控制策略,根据二阶误差方程的相平面图,分析了 Buck 变换器工作在 CCM 和 DCM 中的条件和系统轨迹的收敛情况,确定了满足广义滑模条件和稳定性要求的控制器参数的取值范围;分析了输出电压的纹波、调节时间、开关频率与滑模面系数 α、滞环宽度 δ 的关系,最终通过仿真和实验验证了上述结论,并进一步分析了负载电阻和输入电容变化对控制器参数设计的影响。

第 7 章　带航空电子负载后 Vienna 整流器的电能品质分析

7.1　引　　言

前文已通过仿真和实验证明，本书提出的基于模糊幂次趋近律的双闭环滑模控制策略在突卸负载时具有良好的鲁棒性能，直流电压波动较小且恢复时间很快。根据第 5 章的分析，Buck 变换器是一种非线性很强的切换系统，将其作为航空电子负载接入三相 Vienna 整流器的输出端，对整流器的控制系统提出更高的快速性和鲁棒性的要求，在上述情况下，提出的控制策略是否依然能够保证整流器的稳定运行，且交流侧电流谐波是否满足 DO-160G 的要求，需要进一步验证。

同时，对于 DC/DC 部分，在接入整流器输出端后，输入电压由理想电压源变为带有纹波的直流电压，这是否会导致诸如分岔、混沌这些非线性动力学现象的出现，也需要进一步对其进行动力学分析。

针对上述两个问题，本章首先通过改进的最大 Lyapunov 指数和分岔图的方法，分析输入电压、负载电阻和输出电容变化时 Buck 变换器中存在的动力学现象。然后，对输出端带 Buck 变换器的三相 Vienna 整流器进行 Simulink 仿真，以检验交流侧电流和直流侧输出电压是否满足 DO-160G 和国军标 GJB 181A—2003 对电能品质的要求。

7.2　带航空电子负载后的 Vienna 整流器

在多电飞机的电源系统中，主电源为变频交流电，频率范围为 360～800Hz，为了便于负载使用，通常会通过 AC/DC 变换器将其转换成高压直流电(通常为 270V 或其他适用于后级用电设备的电压值)，目前主要采用自耦变压整流器(auto transformer rectifier unit，ATRU)来实现 AC/DC 功率变换。但 ATRU 只能单向传输功率，无法吸收调速电动机的制动能量，只能在能耗电阻中白白消耗功率，且从长远发展来看，除非出现更高性能的磁性材料，否则 ATRU 的功率密度很难再有大幅度提高。

而与 ATRU 相比，基于 PWM 开关工作的 AC/DC 整流器具有更高的功率密度。对于多电飞机宽变频交流电源，要实现其 AC/DC 整流器的输入电流为正弦波，满足 THD 要求，电流控制带宽必须为几十千赫兹以上，这就要求整流器开关频率达到几百千赫兹。近年来，随着高性能数字信号处理器和功率开关器件的广泛应用，使上述要求得以满足，越来越多基于 PWM 整流的方案被应用于飞机供电系统中。相比而言，三相 Vienna 整流器具有较低的器件阻断电压和小的输入电感尺寸，因此成为高功率、单位功率因数、高功率密度 AC/DC 整流器的最热门拓扑之一。

根据本书第 4 章分析，三相 Vienna 整流器不适于将 115V/400Hz 交流电直接变换为 270V 直流电，因此本章采用一种首先通过整流器将 115V/400Hz 交流电变换为 330V 直流电，再经 Buck 变换器将 330V 降压至 270V 的设计，在该设计中，Buck 变换器作为航空电子负载加入 Vienna 整流器的输出端，电路主拓扑和控制系统如图 7.1 所示。

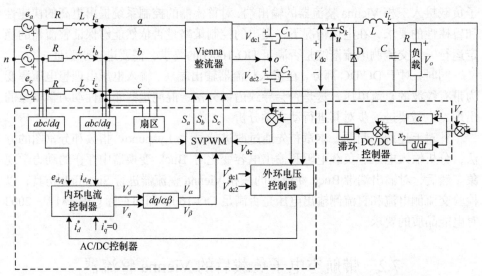

图 7.1　带航空电子负载后 Vienna 整流器的电路主拓扑和控制系统框图

该电路主拓扑分为 AC/DC 和 DC/DC 两部分，第 2~5 章已提出了分别适用于这两部分的控制策略，并通过仿真和实验完成了有效性验证。然而，在上述控制策略的设计过程中，未考虑两部分之间的相互影响。

在 Vienna 整流器输出端加入 Buck 变换器后，对于 AC/DC 部分，输出负载已不再是线性负载，而变为一个非线性很强的航空电子负载。在之前的仿真和实验验证中仅考虑了突卸负载的情况，而对于这种随时间大范围变化的非线性负载未予以考虑，所提出的控制策略在这种情况下还能否使整流器保持单位功率因数运行和输出电压准确、稳定，尚缺乏验证；另外，对于 DC/DC 部分，因为由 AC/DC

部分得到的 330V 直流电压有一定程度的纹波，输入电压也不再是理想的直流电压源，这也是在之前 Buck 变换器的控制器设计中未考虑的；除此之外，在电路参数变化时，由 Vienna 整流器和 Buck 变换器组成的系统的稳定性也可能受到影响，甚至会出现分岔、混沌等非线性动力学现象。

7.3　各种非线性动力学现象

非线性动力学主要是研究非线性动态系统各类运动状态的定性和定量变化规律，尤其是系统的长时间演化行为中的复杂性。对于有限维系统，其主要研究内容包括系统的稳定性、分岔和混沌。稳定性是指系统受到小扰动后恢复到原来平衡状态的特性；分岔是指动态系统的定性行为随着系统参数的改变而发生质的变化；混沌是一种由确定性动力学系统产生对初值极为敏感而具有内在随机性和长期预测不可能性的往复非周期运动[189-191]。

7.3.1　平衡点

考虑定义在 n 维 Euclid 空间 $\mathbf{R}^n$ 中的区域 U 上的一阶常微分方程组

$$\dot{\boldsymbol{x}} = f(\boldsymbol{x}), \quad \boldsymbol{x} \in U \subset \mathbf{R}^n, t \in \mathbf{R} \tag{7.1}$$

式中，f 为光滑向量函数，注意到式(7.1)右端不显含时间 t，这种系统称为自治系统。设自治系统(7.1)右端函数存在零点 $\boldsymbol{x}_0$，即

$$f(\boldsymbol{x}_0) = 0 \tag{7.2}$$

从几何观点考虑，向量场在 $\boldsymbol{x} = \boldsymbol{x}_0$ 没有确定的向量，因此 $\boldsymbol{x}_0$ 称为向量场的奇点。由于 $\boldsymbol{x} = \boldsymbol{x}_0$ 满足方程(7.1)，即对所有实数 t，基于该点的流 $\varphi_t(\boldsymbol{x}_0) = \boldsymbol{x}_0$。故 $\boldsymbol{x}_0$ 为方程(7.1)定义的动态系统的平衡点，也称为不动点。

为研究方程(7.1)在 $\boldsymbol{x} = \boldsymbol{x}_0$ 领域的性态，将向量 $f(\boldsymbol{x})$ 函数展开为级数，得到

$$f(\boldsymbol{x}) = f(\boldsymbol{x}_0) + A(\boldsymbol{x} - \boldsymbol{x}_0) + O\left(\left|\boldsymbol{x} - \boldsymbol{x}_0\right|^2\right) \tag{7.3}$$

其中，$A = D_x f(\boldsymbol{x}_0)$ 为在 $\boldsymbol{x} = \boldsymbol{x}_0$ 计算的 Jacobi 矩阵，若 f 和 x 在各坐标轴上的投影分别为 f_i 和 x_j $(i, j = 1, 2, \cdots, n)$，则

$$A = \left(\frac{\partial f_i}{\partial x_j}\right)_{n \times n} \tag{7.4}$$

根据式(7.3)，在方程(7.1)中略去二次项及二次项以上的量并利用式(7.2)，得到

$$\dot{x} = Ax \tag{7.5}$$

在式(7.5)中已进行坐标平移变换将平衡点移至原点。$Ax = D_x f(x_0)x$ 称为函数 f 在 x_0 的线性部分。方程(7.5)称为非线性系统(7.1)的线性近似系统，也称为第一近似方程或变分方程。上述略去高阶项的过程称为线性化。

根据 $D_x f(x_0)$ 特征值的不同情形，可以对平衡点 x_0 进行分类。若 $D_x f(x_0)$ 的特征值都是实数且同号，则平衡点 x_0 称为结点，当特征值为正值时 x_0 为稳定结点，负值时 x_0 为不稳定结点；若 $D_x f(x_0)$ 的特征值都是实数且符号相反，则平衡点 x_0 称为鞍点，且不稳定；若 $D_x f(x_0)$ 的特征值为共轭复根，则平衡点 x_0 称为焦点，当特征值实部为正值时 x_0 为稳定焦点，为负值时 x_0 为不稳定焦点。若 $D_x f(x_0)$ 所有特征值都具有非零实部，则平衡点 x_0 称为双曲的。若 $D_x f(x_0)$ 存在零实部的特征值，则平衡点 x_0 称为非双曲的。

可以验证，常系数线性微分方程(7.5)满足初始条件 $x(0) = x_0$ 的解为

$$x(t) = e^{Ax} x_0 \tag{7.6}$$

式中，矩阵 A 的指数函数 e^{Ax} 由一致收敛级数定义为

$$e^{Ax} = I + \sum_{k=1}^{\infty} \frac{t^k}{k!} A \tag{7.7}$$

具体计算 e^{Ax} 时，一般需要先将矩阵 A 化为 Jordan 标准型。一般情形下，A 有 m 个重数为 $n_k(n_1 + n_2 + \cdots + n_m = n)$ 的复特征值 $a_k + jb_k (k = 1, 2, \cdots, m)$，则式(7.5)的解有以下成分：

$$x_k(t) = e^{a_k t} \sum_{j=0}^{n_k-1} \frac{t^j}{j!} (C_{n_k-j} \cos(b_k t) + D_{n_k-j} \sin(b_k t)) \tag{7.8}$$

式中，C_{n_k-j} 和 D_{n_k-j} 由初始条件确定。

由式(7.8)可知，若 A 所有特征值的实部均为负，则线性方程(7.5)的零解渐近稳定；若 A 至少一特征值的实部为正，则线性方程(7.5)的零解不稳定；若 A 存在零实部的特征值，其余根的实部为负，且零实部根为单根，则线性方程(7.5)的零解稳定，但非渐近稳定；若为重根，则零解不稳定。

以上结论构成了平衡点的线性化稳定性理论，也称为 Lyapunov 第一近似方法，并有以下两个定理。

定理 7.1　若 $D_x f(x_0)$ 的特征值均具有负实部，则系统(7.1)的平衡点渐近稳定；若 $D_x f(x_0)$ 至少存在一个具有正实部的特征值，则系统(7.1)的平衡点不稳定。

利用上述定理，可以非常简便地通过在平衡点的线性近似方程判断平衡点的稳定性。

7.3.2　周期点

由前文分析可知，当 x_0 满足 $\dot{x}_0 = f(x_0)(x \in \mathbf{R}^n)$ 时，称 x_0 为微分方程 $\dot{x}_0 = f(x_0)(x \in \mathbf{R}^n)$ 的平衡点或不动点。同时，如果 x_0 满足 $\dot{x}_0 = f^{(n)}(x_0)(x \in \mathbf{R}^n)$，则称 x_0 为微分方程 $\dot{x}_0 = f(x_0)(x \in \mathbf{R}^n)$ 的平衡点的 n-周期点，根据这一定义，平衡点或不动点又可称为 1-周期点。

根据定理 7.1 可得 n-周期点的稳定性判断方法如下。

定理 7.2　若 $D_x f^{(n)}(x_0)$ 的特征值均具有负实部，则系统(7.1)的 n-周期点渐近稳定；若 $D_x f^{(n)}(x_0)$ 至少存在一个具有正实部的特征值，则系统(7.1)的 n-周期点不稳定。

7.3.3　分岔

一般地，对于非线性方程：

$$\dot{x} = f(x, \mu), \quad x \in \mathbf{R}^n \tag{7.9}$$

令 μ 表示其中的某参数，当参数 μ 连续变化到某个临界值 μ_0 时，系统的全局性性态(定性性质、拓扑性质等)会发生突然变化，则称该系统在 μ_0 处发生了分岔，μ_0 称为分岔值。在以参数 μ 为坐标的轴上，$\mu = \mu_0$ 称为分岔点，而不引起分岔($\mu \neq \mu_0$)的点都称为常点。

非线性方程(7.9)的解在常点附近不会发生性质的变化，这时的解称为具有结构稳定性，即结构稳定性表示在参数微小变化时，解不会发生拓扑性质变化(解的轨线仍维持在原轨线的邻域内且变化趋势也相同)。反之，在分岔点附近，参数值的微小变化足以引起解发生本质(拓扑性质)变化，则称这样的解是结构不稳定的。

1) 连续系统中的分岔

对于一个包含控制参数 μ 的动力学系统，系统 Jacobi 矩阵的特征值会随着控制参数 μ 的变化而变化，从而导致系统的稳定性也随之发生变化。根据定理 7.1，当所有特征值的实部都小于零时，平衡点是稳定的，当有一个或多个特征值的实部大于零时，平衡点是不稳定的。由此可得，当 μ 改变时，出现特征值的实部等于零的情况可能有三种：

(1) 当特征值 λ 由负实数变为正实数时，系统发生叉形分岔。

(2) 当特征值 λ 为一对复根，复根的实部由负数变为正数时，系统发生 Hopf 分岔。

(3) 当特征值 λ 由正负两边趋于零时，系统发生鞍结分岔。

2) 离散系统中的分岔

对于一个包含控制参数 μ 的动力学系统，系统 Jacobi 矩阵的特征值会随着控

制参数 μ 的变化而变化，从而导致系统的稳定性也随之发生变化。若系统所有的特征值均落在复平面的单位圆内，则平衡点是稳定的；当存在一个及一个以上特征值落在单位圆外时，平衡点是不稳定的。当特征值由单位圆内穿越至单位圆外时，系统将发生分岔现象，具体来说：

(1) 如果有一个特征值沿负实轴穿越单位圆，而其余特征值均在单位圆内，则系统发生倍周期分岔。

(2) 如果有一个特征值沿正实轴穿越单位圆，而其余特征值均在单位圆内，则系统将发生鞍结分岔。

(3) 如果有一对共轭特征值穿越单位圆，而其余特征值均在单位圆内，则系统将发生 Hopf 分岔。

7.3.4　混沌

混沌现象已成为国内外学者的一个研究热点，但迄今为止，还没有一个公认的普遍适用的数学定义。混沌是非线性确定系统中产生的不确定、类似随机的一种运动。不确定、类似随机的运动是指该运动既不是平衡态、周期运动和拟周期运动等有规则的运动状态，也不是真正的随机运动，而是在一定范围内永不重复的振荡运动，是一种貌似随机的运动。混沌具有以下几个主要特性。

1) 初态敏感性

混沌的基本特征是具有对初始条件的敏感依赖性，即初始值的微小差别经过一定时间后可导致系统运动过程的显著差别。这种对初始条件的敏感依赖性称为初值敏感性。

2) 有界性

有界性是指混沌的运动轨道始终是局限在一个确定的区域内，并称该区域为混沌吸引域。也就是说，混沌系统的轨道是在混沌吸引域范围内的，与系统内部的稳定性无关。

3) 遍历性

混沌运动在其混沌吸引域内是各态历经的，即在有限时间内混沌轨迹经过混沌区内每一个状态点。

4) 往复非周期性

混沌还必须是往复的稳态非周期性运动，这是非线性系统的又一特征。在无限时间历程中，确定性线性系统的非周期性运动都不是往复的稳态运动，例如，强阻尼线性振动趋于静止，而无阻尼线性受迫振子共振时的运动发散到无穷。非线性系统则不同，它可能存在往复而非周期性的运动。

5) 自发随机性

混沌这种往复的非周期运动看上去似乎无任何规律可循，完全类似于随机噪声，而且采用传统的相关分析和谱分析等信号处理技术，也无法将混沌信号与真正的随机信号区分。值得注意的是，这种类似随机的过程产生于完全确定性的系统。因此，混沌具有内禀随机性，也称为自发随机性。

6）不可预测性

混沌的另一特征是长期预测的不可能性，这又有别于完全不可预测的真正随机过程。现实中的任何量都只能具有有限精度，无穷高精度在物理世界中是不存在的。因此，初值中必存在不确定因素。可以认为具有初态敏感性的系统对于初值误差的作用不断进行放大。随着时间的流逝，初始条件中的不确定因素起的作用越来越大。一段时间之后，决定运动的已不是初始条件中以有限精度给定的部分，而是在精度范围之外无法确定而又必然存在的误差，运动的预测便不可能了。

7）普适性

不同的动力学系统，其运动方程不同，参数不同，但它们趋向混沌的过程具有某些共同特征，并且这些特征不随具体的参数以及系统的运动方程改变而改变。普适性包括结构普适性和测度普适性两种。结构普适性是指趋向混沌过程中轨道的分岔情况与定量特征不依赖于该过程的具体内容，而只与它的数学结构有关；测度普适性是指同一映射或迭代在不同测度层次之间的嵌套结构相同，结构的性态只依赖于非线性函数幂级数展开式的幂次。Feigenbaum 常数就是一个与具体迭代函数无关的普适常数。

7.4　非线性动力学分析方法

非线性动力学分析主要就是通过数值方法区分周期运动和混沌运动。目前，人们已发现了系统运动的若干数值特征可用于识别混沌，主要包括庞加莱截面[192]、分岔图[191]、Lyapunov 指数[193,194]、功率谱[195]、熵[196]等。当系统运动的上述数值特征中的一种或多种满足特定条件时，便可断定系统出现混沌运动。

混沌具有初态敏感性、往复非周期性、自发随机性、不可预测性等特点，若将这些意义定量化便得到识别混沌的相应数值特征：为刻画混沌运动过程的初态敏感性，可以引入 Lyapunov 指数；为刻画混沌的往复非周期性，可以定义各种维数；为刻画混沌的自发随机性，可以采用功率谱密度函数；为刻画混沌的不可预测性，可以利用熵的概念。

本节将介绍各种非线性分析方法，特别将重点阐述 Lyapunov 指数和最大 Lyapunov 指数的原理。

7.4.1　分岔图

分岔图用来描述系统动力学行为随参数变化的特征。把某一参量作为分岔参数，同时作为分岔图的横坐标，把庞加莱截面的某个状态变量作为分岔图的纵坐标，通过图形来判断分岔和混沌现象。系统的周期运动状态与分岔图中信号点的个数相对应。当分岔图中存在单个或多个信号点时，表明系统处于周期运动或准周期运动；而当分岔图中存在无数个信号点且这些信号点的位置都不重复时，则表明系统处于混沌运动状态。

7.4.2　庞加莱截面

庞加莱截面法的主要思想是：在多维相空间中适当选取一个有利于观察系统的运动特征和变化的截面(可以是平面或者是曲面)，观察系统的运动轨道与此截面相交的交点(庞加莱点)，由这些点来分析系统的运动特征。不同的运行状态通过庞加莱截面时的庞加莱点有不同的特征：①周期运动在此截面上留下有限个离散的点；②准周期运动在此截面上留下一条闭合曲线；③混沌运动的庞加莱截面是沿一条线段或一曲线弧分布的点集，而且具有自相似的分形结构。

庞加莱截面法只需要在普通的相平面上进行就可以，要实现这一点，需要平面方程的一般式便可以实现，这需要方程中含有角度变化量。平面方程的法式方程为

$$\cos\alpha \cdot x + \cos\beta \cdot y + \cos\gamma \cdot z = d \tag{7.10}$$

方程的一次项的系数是平面法向量的方向余弦，由方程可以明显看到其中含有角度的变化量，角度的变化可以改变方程的方向，即界面的方向。所以在选取截面方程时选取平面法式方程，设计中可直接对角度进行控制。

式(7.10)是具有以下两个特征的一般平面方程：

(1) 一次项的系数是单位法向量的坐标，平方和等于 1；

(2) d 表示坐标原点到平面的距离，所以常数 $-d$ 小于 0。

平面方程的法向量的方向余弦就是平面方程的法向量分别与 X、Y、Z 三个坐标轴夹角的余弦值，平方和等于 1，即

$$\cos^2\alpha + \cos^2\beta + \cos^2\gamma = 1 \tag{7.11}$$

平面的一般方程式为

$$Ax + By + Cz + D = 0 \tag{7.12}$$

取

$$\lambda = \frac{1}{\pm\|\boldsymbol{n}\|} = \pm\frac{1}{\sqrt{A^2 + B^2 + C^2}} \tag{7.13}$$

将 λ 与式(7.12)相乘可以得法式方程

$$\frac{Ax}{\pm\sqrt{A^2+B^2+C^2}}+\frac{By}{\pm\sqrt{A^2+B^2+C^2}}+\frac{Cz}{\pm\sqrt{A^2+B^2+C^2}}+\frac{D}{\pm\sqrt{A^2+B^2+C^2}}=0 \quad (7.14)$$

λ 称为方程的法式化因子，通常与常数项 D 的符号相反。通过上述推导分析，式(7.14)即法式方程，由这两个特征可以得出平面的一般方程与法式方程的互相转换关系。在本设计中选取平面法式方程作为庞加莱截面方程，以法式方程的特征作为控制角度组合设计的依据和限制，完成对庞加莱截面角度的控制。

7.4.3 Lyapunov 指数

Lyapunov 指数 LCEs 用于描述动态系统轨迹小扰动后平均增长率(或收缩率)的渐近度量，由于混沌系统对初始状态特别敏感，其中相邻的轨迹将随着时间的推移而分离，根据文献[197]中的理论，在周期运动或准周期运动中，Lyapunov 指数均为负数，而混沌运动中有一个 Lyapunov 指数为正数，所以最大 Lyapunov 指数(mLCE)可以作为区分混沌运动和周期运动的判据。

在下列的连续系统中

$$\dot{\boldsymbol{y}}(t)=f(\boldsymbol{y}(t)), \quad \boldsymbol{y}(0)=\boldsymbol{y}_0 \quad (7.15)$$

式中，$\boldsymbol{y}\in\mathbf{R}^n$，$t\in\mathbf{R}^+$。LCEs 的计算基于 QR 分解：

$$\dot{\boldsymbol{Y}}(t)=\boldsymbol{J}(t)\boldsymbol{Y}(t), \quad \boldsymbol{Y}(0)=\boldsymbol{I}_n \quad (7.16)$$

式中，$\boldsymbol{Y}\in\mathbf{R}^{n\times n}$，$\boldsymbol{J}(t)$ 是 t 时刻的 Jacobi 矩阵，且

$$\lim_{t\to\infty}\boldsymbol{Y}(t)=\boldsymbol{Q}\boldsymbol{R} \quad (7.17)$$

式中，$\boldsymbol{R}$ 是上三角阵，对角元素为 $|\lambda_1|,|\lambda_2|,\cdots,|\lambda_n|$，对应着 n 阶 Lyapunov 指数。Lyapunov 指数可能为正，也可能为负。正 Lyapunov 指数表示对应方向上的发散，负 Lyapunov 指数表示对应方向上的收缩。对于自治动态系统，若所有 Lyapunov 指数均为负，则系统将趋于静止；若 Lyapunov 指数有的为零而其余的为负，则系统做周期性运动；若存在正 Lyapunov 指数而运动又是往复的，则系统做混沌运动。因此，最大 Lyapunov 指数常被作为系统是否出现混沌现象的判据。当 mLCE<0 时，系统将发生周期性运动；当 mLCE=0 时，系统将发生分岔现象；当 mLCE>0 时，系统将发生混沌现象。

7.4.4 功率谱

功率谱表示随机运动过程在各频率成分的统计特性，是研究随机振动的基本工具。对于给定的随机信号，可以采用标准程序软件计算或专用频谱分析仪器测

定其功率谱。为描述混沌的随机性，可以应用研究随机振动的频谱分析识别混沌。通常假设混沌是各态历经的，即时间上的平均量与空间上的平均量相等。

根据 Wiener-Khinchin 定理，随机信号的功率密度可以表示为其自相关函数的傅里叶变换，即

$$S(f) = F[R(\tau)] = \int_{-\infty}^{\infty} R(\tau) e^{-j2\pi/t} d\tau \tag{7.18}$$

式中，$R(\tau)$ 为输出电压信号的自相关函数，且

$$R(\tau) = \lim_{T \to \infty} \frac{1}{T} E\left[\int_{-T/2}^{T/2} u(t)u(t-\tau) d\tau \right] \tag{7.19}$$

E 为数学期望。

周期运动的傅里叶展开式只有相应频率的一项，准周期运动的功率谱是在几个不可通约的基频及其叠加处的离散谱线。混沌运动时有界的非周期运动为无限多个不同频率的周期运动的叠加，其功率谱具有随机运动的特征。混沌运动的功率谱为连续谱，即出现噪声背景和宽峰。

7.4.5　熵

熵是热力学中的一个基本概念，是系统无序程度的量度。在信息论中，人们为刻画系统状态的无知程度或混乱程度，推广了热力学中熵的概念，定义了信息熵。若一消息报道有 N 个概率分别为 $p_1, p_2, \cdots, p_N$ 的事件，则该消息的信息熵为

$$H = -\sum_{i=1}^{N} p(x_i) \log_2 p(x_i) \tag{7.20}$$

式中，N 为字符个数，$p(x_i)$ 为第 i 个字符的概率分布，当某个 $p(x_i) = 0$ 时，规定 $0 \cdot \log_2 = 0$，以 2 为底数时熵的单位为比特。

熵具有以下性质：

(1) 熵函数 $H(p(x_1), p(x_2), \cdots, p(x_N))$ 中各变量 $p(x_1), p(x_2), \cdots, p(x_N)$ 顺序转换，熵值不变；

(2) 熵函数 $H(p(x_1), p(x_2), \cdots, p(x_N)) \geqslant 0$；

(3) 当各个变量的概率分布相同时，熵取得最大值，即

$$H_{\max} = -\sum_{i=1}^{N} \frac{1}{N} \log_2 \left(\frac{1}{N} \right) = \log_2 N \tag{7.21}$$

熵的本质是变化的方向性和时间的方向性，自然界的一切自发进行过程都是朝熵增方向进行的。在熵增原理的前提下，当字符呈现规律性分布时，有序度高，复杂度低，此时对应的熵值小；当字符分布杂乱无章时，复杂度高，对应的

熵值较高,因此熵能够反映序列的总体统计特征,即信息熵能够区分周期态和混沌行为。根据文献[189]的结论,混沌系统不确定特性下存在一些相对稳定的特性:①随着反馈参数的增加,信息熵趋近理论极大值,表明系统数值序列接近均匀分布;②当初值改变时,其对应的数值序列的信息熵不发生改变,证明混沌系统的信息熵不具有初值依赖性;③由于系统数值序列满足一定的分布特性,从而可以从宏观上对混沌系统的数值分布做出合理的预判,为深入了解系统的混沌特性和混沌控制提供理论依据。

7.5　Buck 变换器的动力学分析

作为一种典型的切换系统,在电路参数变化时,Buck 变换器易发生分岔、混沌等非线性动力学现象。因此,在 Buck 电路的控制器设计后,对闭环系统进行动力学分析,确定各电路参数对系统稳定性的影响非常重要[198, 199]。目前常用的动力学分析方法主要包括庞加莱截面、分岔图、Lyapunov 指数、功率谱、熵等,其中,Lyapunov 指数法分析精度高且计算相对简单,已成为目前动力学分析中应用最为广泛的方法。

然而,在切换系统中,由于在切换面上存在不可微点,mLCE 的计算会出现较大误差。现已有一些学者针对该问题展开了研究,但提出的计算方法大多缺乏普适性,只能适用于特定的系统[200, 201]。李清都和郭建丽提出了一种通过在不可微点补偿 Jacobi 矩阵的方法能够从理论上解决该问题,对于多数系统均具有通用性[202]。下面将通过该方法改进 Buck 变换器中 LCEs 的计算,并通过分岔图和改进后的 mLCE 对输入电压、负载电阻、输出电容等重要电路参数变化的 Buck 变换器进行动力学分析。

然而,由于在切换面上存在一个不可微点,LCEs 不能通过以上步骤计算。为解决这个问题,文献[198]给出了一个补偿 Jacobi 矩阵的方法:

$$
\begin{aligned}
\boldsymbol{J}_s &= \frac{\partial \boldsymbol{x}'}{\partial \boldsymbol{x}^{\mathrm{T}}} = \frac{\partial \boldsymbol{v}'}{\partial \boldsymbol{x}^{\mathrm{T}}} \\
&= \boldsymbol{I} + (\boldsymbol{f}_2 / \|\boldsymbol{f}_1\| - \boldsymbol{e})(\boldsymbol{e} - \boldsymbol{d}\tan\theta)^{\mathrm{T}}
\end{aligned}
\tag{7.22}
$$

式中,$\boldsymbol{I}$ 是单位矩阵;$\boldsymbol{f}_1$、$\boldsymbol{f}_2$ 是切换面两侧的子系统;$\boldsymbol{e}$ 是轨迹 $x_1(t)$ 的切向量,$\boldsymbol{e} = \boldsymbol{f}_1(\boldsymbol{x})/\|\boldsymbol{f}_1(\boldsymbol{x})\|$;$\boldsymbol{d}$ 是垂直于 $\boldsymbol{e}$ 的单位向量;θ 是 $\boldsymbol{n}$ 和 $\boldsymbol{e}$ 的夹角,$\theta = \arccos(\boldsymbol{n}\cdot\boldsymbol{e})$,且

$$
\boldsymbol{d} = \frac{(\boldsymbol{n}\cdot\boldsymbol{e})\boldsymbol{e} - \boldsymbol{n}}{\|(\boldsymbol{n}\cdot\boldsymbol{e})\boldsymbol{e} - \boldsymbol{n}\|}
\tag{7.23}
$$

$\boldsymbol{n}$ 是垂直于切换面的单位向量。

7.5.1 Buck 变换器中 LCEs 计算的改进

根据式(6.1)、式(6.3)、式(6.4)和式(6.6)，滞环滑模控制的 Buck 变换器的切换面 $S_{\text{on/off}}$ 和 $S_{\text{CCM/DCM}}$ 分别为

$$S_{\text{on/off}}: \frac{1}{C}i_L + \left(\alpha - \frac{1}{RC}\right)V_o = \alpha V_r + \delta \tag{7.24}$$

$$S_{\text{CCM/DCM}}: i_L = 0 \tag{7.25}$$

将式(7.24)和式(7.25)代入式(7.23)，得到切换面 $S_{\text{on/off}}$ 和 $S_{\text{CCM/DCM}}$ 的法线单位向量为 $[1/C, \alpha - 1/(RC)] / \|1/C, \alpha - 1/(RC)\|$ 和 $(1,0)$。

在对滞环滑模控制下 Buck 变换器进行动力学分析时，选择目前在 Buck 变换器上常用的 V^2C 控制方法作为对比，其控制框图如图 7.2 所示。

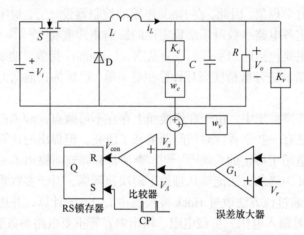

图 7.2　V^2C 控制 Buck 变换器的控制原理图

在 V_2C 控制中，当 $u_s = u_A$ 时，开关 S 导通，已知：

$$V_A = (V_r - V_o k_v)G_1 \tag{7.26}$$

$$V_s = V_o k_v w_v + i_L k_c w_c \tag{7.27}$$

由式(7.26)和式(7.27)得到 Buck 变换器从导通到关断的切换条件(切换面)为

$$S_{\text{on/off}}: k_c w_c i_L + (k_v w_v + k_v G_1)V_o = V_r G_1 \tag{7.28}$$

由 CCM 到 DCM 的切换条件(切换面)为

$$S_{\text{CCM/DCM}}: i_L = 0 \tag{7.29}$$

将式(7.28)和式(7.29)代入式(7.23)，得到切换面 $S_{\text{on/off}}$ 和 $S_{\text{CCM/DCM}}$ 法线单位向量为 $(k_c w_c, k_v w_v + k_v G_1) / \|k_c w_c, k_v w_v + k_v G_1\|$ 和 $(1,0)$。

7.5.2　Buck 变换器的分岔图和 mLCE

下面选择输入电压、负载电阻和输出电容作为分岔参数，利用分岔图和改进的 mLCE，对 V^2C 控制和滞环滑模控制的 Buck 变换器进行动力学分析。

Buck 变换器中确定的电路参数为输出参考电压 V_r=270V，电感 L=0.075mH；V^2C 控制器参数为 K_c=1，K_v=1，w_v=0.5，w_c=0.5，G_1=1，开关周期 T = 40μs；滞环滑模控制器参数为 α=1000，δ=4000。

(1) 选择输入电压 V_i 为分岔参数，V_i 取 280～400V，步长为 0.5V，负载电阻 R 为 24.3Ω(输出功率 3kW)，输出电容 C 为 1400μF。V^2C 控制和滞环滑模控制 Buck 变换器的分岔图、mLCE 如图 7.3 和图 7.4 所示。

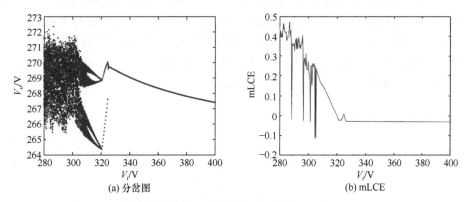

(a) 分岔图　　　　　　　　　　　　(b) mLCE

图 7.3　V_i 为分岔参数时 V^2C 控制 Buck 变换器的分岔图和 mLCE

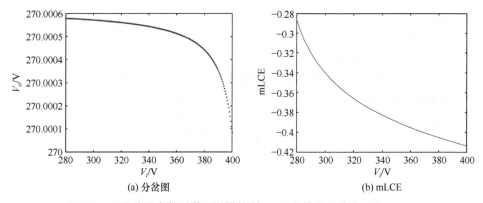

(a) 分岔图　　　　　　　　　　　　(b) mLCE

图 7.4　V_i 为分岔参数时滞环滑模控制 Buck 变换器的分岔图和 mLCE

分岔图中标记出了每个周期末的输出电压值，因此这些点的分布可以作为判断稳定性的标志，在周期运动中，所有点位于单个或多个位置，点的分布数与周期数相等；在混沌运动中，所有点杂乱分布在一个有限的范围内。mLCE 可以作为区分混沌运动和周期运动的指标，系统处于稳定的周期运动时，mLCE<0；系统

发生分岔时，mLCE=0；系统处于混沌运动时，mLCE>0。

图 7.3(a)显示出一条随输入电压 V_i 减小由周期运动到混沌运动的通道，当输入电压 V_i = 324.7V 时，系统第一次发生倍周期分岔，由稳定的周期 1 进入周期 2，这时 mLCE 由负值变为 0，之后，处于稳定的周期 2 状态，mLCE 仍小于 0；直到 V_i = 320.5V 时再次发生倍周期分岔，之后由于系统不再处于稳定的周期状态，而将通向混沌状态，因此 mLCE 不断增大，并保持大于 0；在通向混沌的过程中，起初系统进入阵发混沌状态，并在之后发生多次切分岔，使其不断从混沌状态突变至周期状态，mLCE 也相应地从正值突然跳到负值；而之后随着 V_i 的进一步减小，系统进入鲁棒混沌状态，mLCE 维持在正值。

对于滞环滑模控制的 Buck 变换器，当 V_i 在 280～400V 范围内变化时，系统保持在稳定的周期 1，且输出电压值波动不大，相应地，mLCE 保持为负值。

(2) 选择负载电阻 R 为分岔参数，R 取 24.3～36.45Ω(对应输出功率为 3～2kW)，步长为 0.1215Ω，输入电压 V_i 取 330V，输出电容 C 为 1400μF。V^2C 控制和滞环滑模控制 Buck 变换器的分岔图、mLCE 如图 7.5 和图 7.6 所示。

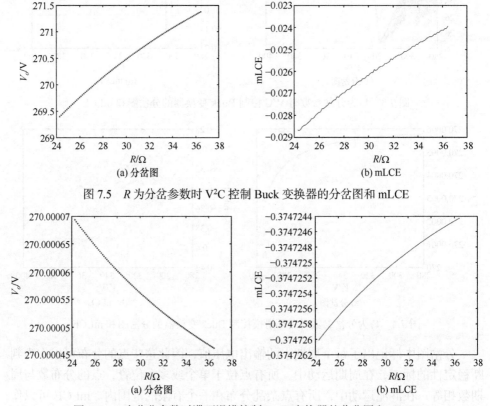

(a) 分岔图　　　　　　　　　　　　　(b) mLCE

图 7.5　R 为分岔参数时 V^2C 控制 Buck 变换器的分岔图和 mLCE

(a) 分岔图　　　　　　　　　　　　　(b) mLCE

图 7.6　R 为分岔参数时滞环滑模控制 Buck 变换器的分岔图和 mLCE

由图 7.5 和图 7.6 可知：当系统负载电阻在 24.3～36.45Ω 范围内变化时，两种控制策略均能使 Buck 变换器保持在周期 1 状态，相应地，mLCE 保持为负值，但采用滞环滑模控制的 Buck 变换器输出电压波动要明显小于采用 V^2C 控制策略的 Buck 变换器。

(3) 选择输出电容 C 为分岔参数，C 取 1000～2000μF，步长为 10μF，输入电压 V_i 取 330V，R 为 24.3Ω(输出功率 3kW)。V^2C 控制和滞环滑模控制 Buck 变换器的分岔图、mLCE 如图 7.7 和图 7.8 所示。

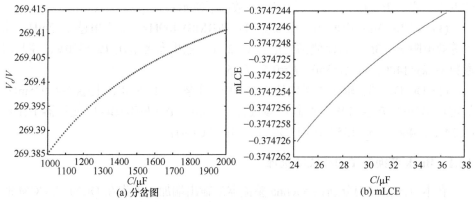

图 7.7 C 为分岔参数时 V^2C 控制 Buck 变换器的分岔图和 mLCE

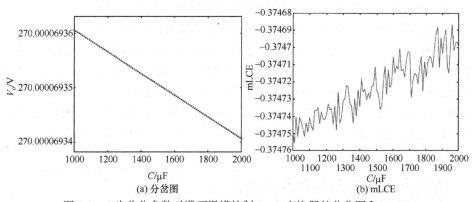

图 7.8 C 为分岔参数时滞环滑模控制 Buck 变换器的分岔图和 mLCE

由图 7.7 和图 7.8 可知：当系统输出电容在 1000～2000μF 范围内变化时，两种控制策略均能使 Buck 变换器保持在周期 1 状态，相应地，mLCE 保持为负值，但采用滞环滑模控制的 Buck 变换器输出电压波动要明显小于采用 V^2C 控制策略的 Buck 变换器。

综上，在输入电压变化时，V^2C 控制的 Buck 变换器由在周期 1 状态经多次分岔进入混沌，滞环滑模控制的 Buck 变换器保持在周期 1 状态；在负载电阻和输出电容变化时，两种控制下的 Buck 变换器均能保持在周期 1 状态，但滞环滑模控制的 Buck 变换器输出电压变化要明显小于 V^2C 控制的 Buck 变换器，这显示出提出的滞环滑模控制策略具有更强的鲁棒性。

7.6　仿　真　验　证

本书通过 Simulink 仿真检验三相 Vienna 整流器在输出端接入 Buck 变换器后的电能品质。仿真中，电路及控制器参数如下所示：

(1) AC/DC 端：电网相电压 $e_{a,b,c}$=115V(RMS)/400Hz，输入电感 L=2mH，输入等效电阻 r=0.3Ω，直流侧两个电容 C=2mF，输出参考电压 V_{dc}=330V，控制器参数 k_1=k_2=1400，k_3=k_4=350，k_p=0.5，k_i=5。

(2) DC/DC 端：输出参考电压 V_r=270V，电容 C=1400μF，电感 L=0.075mH，额定输出功率 P_{out}=3kW，控制器参数为 α_1=500、δ_1=7950 (Buck 变换器工作在 DCM) α_2=466、δ_2=1557 (Buck 变换器工作在 CCM)。

7.6.1　Buck 变换器工作模式的选择

在本节的仿真中分别在 Vienna 整流器的输出端加入工作在 DCM 和 CCM 的 Buck 变换器，以分析整流器带不同航空电子负载时的工作情况。

1) 加入工作在 DCM 的 Buck 变换器(工作频率为 29.375kHz)

系统在启动后运行稳定时，交流侧三相电流波形、THD 如图 7.9 所示。

如图 7.9 所示，在整流器运行稳定后，交流侧电流能够基本正弦化，但电流谐波含量较大，三相电流的 THD 分别为 6.90%、6.94%、6.98%，且 a 相电流的 2、4、6、8、12、14、16、18、24、28、30、34、36、40 次谐波，b 相电流的 2、4、6、8、10、12、16、18、24、26、28、30、34、36、40 次谐波，c 相电流的 6、10、12、18、24、28、30、34、36、40 次谐波均不满足 DO-160G 的要求。

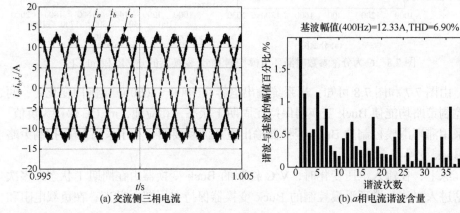

(a) 交流侧三相电流　　　　　　　　　(b) a 相电流谐波含量

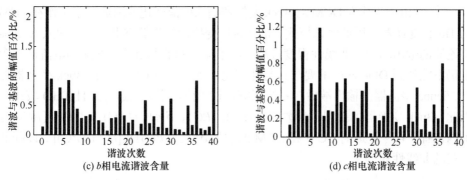

(c) *b* 相电流谐波含量　　　　　　　　　(d) *c* 相电流谐波含量

图 7.9　接入航空电子负载时的交流侧三相电流波形及谐波含量(DCM)

2) 加入工作在 CCM 的 Buck 变换器(工作频率为 150kHz)

系统在启动后运行稳定时，交流侧三相电流波形、THD 如图 7.10 所示。

如图 7.10 所示，在整流器运行稳定后，交流侧电流能够保持正弦化，三相电流的 THD 分别为 1.48%、1.28%、1.38%，且谐波含量均满足 DO-160G 的要求。

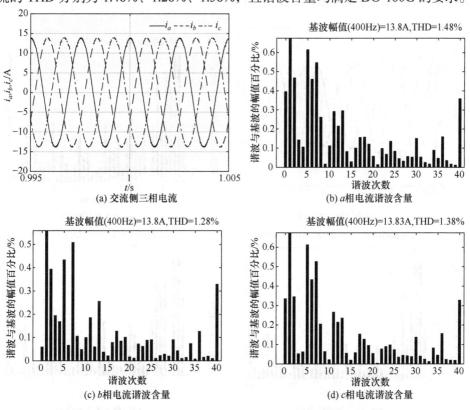

(a) 交流侧三相电流　　　　　　　　　(b) *a* 相电流谐波含量

(c) *b* 相电流谐波含量　　　　　　　　　(d) *c* 相电流谐波含量

图 7.10　接入航空电子负载时的三相交流侧电流波形及谐波含量(CCM)

　　综上,由于工作在DCM的Buck变换器输入电流变化范围远大于工作在CCM的 Buck 变换器,因此将该模式下的 Buck 变换器作为航空电子负载加入 Vienna 整流器的输出端后,非线性程度过高,经电流控制器调节后,交流侧电流谐波含量仍不能达到 DO-160G 的要求;与此相比,将工作在 CCM 下的 Buck 变换器加入 Vienna 整流器的输出端后,系统能够保持单位功率因数运行,且 THD 较小。因此,Buck 变换器的控制器参数应在 $\alpha > 1/(RC)$, $\delta < V_r/(RC) + x_a[\alpha - 1/(RC)]$ 范围内选择,且尽量远离 CCM 和 DCM 的边界 $\delta = V_r/(RC) + x_a[\alpha - 1/(RC)]$,以降低负载的非线性程度。

7.6.2　突加突卸负载时系统的电能品质

　　在下面的仿真中,将检验系统在突加突卸负载时的交流侧电流谐波含量和直流输出电压能否分别达到 DO-160G 和国军标 GJB 181A—2003 的要求。整流器启动 1.5s 后突卸负载,输出功率从 3kW 降为 2kW;3s 后突加负载,输出功率从 2kW 升为 3kW,仿真结果如图 7.11 和图 7.12 所示。

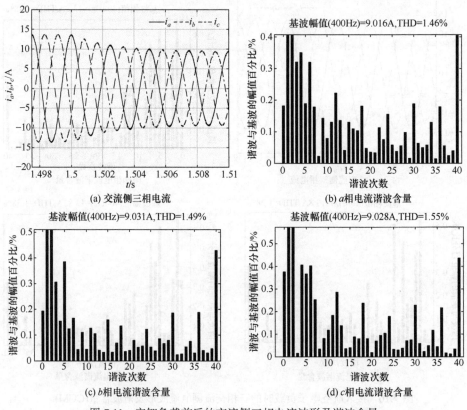

图 7.11　突卸负载前后的交流侧三相电流波形及谐波含量

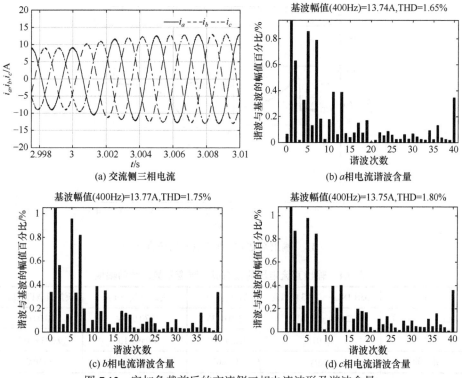

图 7.12　突加负载前后的交流侧三相电流波形及谐波含量

(1) 突卸负载前后的交流侧电流。

突卸负载后，输出功率从 3kW 降为 2kW，在整流器恢复稳态后，交流侧电流能够保持正弦化，三相电流的 THD 分别为 1.46%、1.49%、1.55%，且谐波含量满足 DO-160G 的要求。

(2) 突加负载前后的交流侧电流。

突加负载后，输出功率从 2kW 升为 3kW，在整流器恢复稳态后，交流侧电流能够保持正弦化，三相电流的 THD 分别为 1.65%、1.75%、1.80%，且谐波含量满足 DO-160G 的要求。

(3) 输入电压。下面根据国军标 GJB 181—2003A 的要求，对输出的 270V 直流电压在整流器启动、突卸、突加负载后的稳态特性和突卸、突加负载时的瞬态特性进行分析，图 7.13 为输出直流电压波形。

(1) 启动、突卸负载、突加负载后的稳态特性。

由表 7.1 可知，启动、突卸负载、突加负载后，输出直流电压的稳态值、畸变系数、脉动幅度均符合国军标 GJB 181A—2003 对 270V 直流系统的要求；由图 7.14 可知，输出电压畸变频率均在国军标 GJB 181—2003A 规定的 270V 直流系统最大畸变频谱包络线之内。

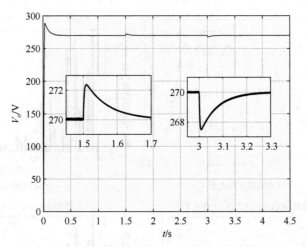

图 7.13　输出端 270V 直流电压的仿真波形

表 7.1　输出直流电压的稳态值、畸变系数、脉动幅度

工作特性	GJB 181A—2003 的规定	启动稳定后	突卸负载稳定后	突加负载稳定后
输出电压稳态值	250.0~280.0V	270.043V	270.009V	270.021V
畸变系数	≤0.015	1.129×10^{-4}	4.049×10^{-5}	9.393×10^{-5}
脉动幅度	≤6.0V	0.160V	0.06V	0.110V

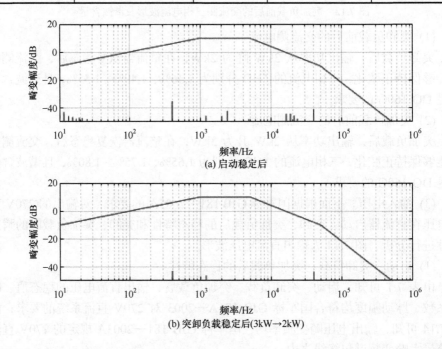

(a) 启动稳定后

(b) 突卸负载稳定后(3kW→2kW)

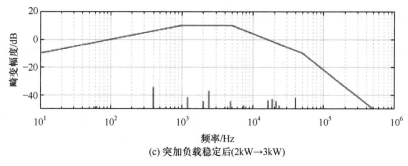

(c) 突加负载稳定后(2kW→3kW)

图 7.14　输出直流电压的畸变频谱

(2) 突卸、突加负载时的瞬态特性。

突卸负载后，输出电压的最大波动为 2.389V(+)；突加负载后，输出电压的最大波动为 2.525V(−)。由图 7.15 可知，由突卸(突加)负载到恢复稳态的过程中，输出电压保持在国军标 GJB 181—2003A 规定的 270V 直流系统正常电压瞬变包络线之内。

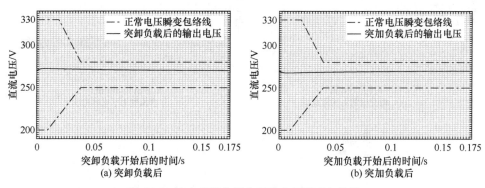

图 7.15　输出直流电压和正常电压瞬变包络线

由上述仿真结果可以得出结论：采用提出的基于模糊幂次趋近律的双闭环滑模控制策略，能够使带航空电子负载(工作在 CCM 下的 Buck 变换器)的 Vienna 整流器稳定运行，且交流侧三相电流保持正弦化，谐波含量满足 DO-160G 的要求；在突加突卸负载后，输出直流电压波动较小，且能够短时间内恢复到 270V，各项稳态、瞬态特性均符合国军标 GJB 181A—2003 的要求。

7.7　实 验 验 证

为进一步验证所设计滑模控制策略的有效性，本节按照 7.6 节仿真中的电路和控制器参数，进行带航空电子负载(工作在 CCM 下的 Buck 变换器)后 Vienna 整流器突卸负载的实验研究，实验结果如图 7.16 所示。

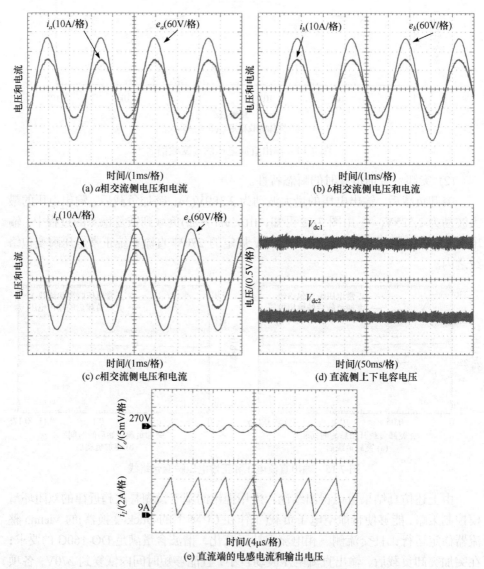

(a) a 相交流侧电压和电流

(b) b 相交流侧电压和电流

(c) c 相交流侧电压和电流

(d) 直流侧上下电容电压

(e) 直流端的电感电流和输出电压

图 7.16   带航空电子负载后 Vienna 整流器实部负载的实验结果

图 7.16 为突卸负载稳定后的交流侧输入电流和直流侧上下电容电压，经谐波含量的检测，启动后，整流器在运行稳定时三相输入电流的 THD 分别为 2.29%、2.17%、2.23%，且均符合 DO-160G 的要求，由图 7.16(d) 可知电流侧上下电容电压能够在突卸负载后迅速恢复到参考值 165V，且电压纹波较小，由图 7.16(e) 可知，Buck 变换器工作在 CCM 下，输出电压保持在 270V，纹波峰峰值为 3.22mV。

上述实验结果表明：提出的双闭环滑模控制策略，能够使带航空电子负载(工作在 CCM 下的 Buck 变换器)的 Vienna 整流器保持较好的电能品质。

7.8　本章小结

本章首先以输入电压、负载电阻和输出电容为分岔参数，通过 mLCE 和分岔图，对 Buck 变换器进行了动力学分析，验证了第 5 章中提出的滞环滑模控制方法能够使 Buck 变换器在参数变化时保持在周期 1 状态，且输出电压变化较小，相比目前常用的 V^2C 控制具有更优的鲁棒性；之后，为分析不同航空电子负载对 Vienna 整流器的影响，分别在其输出端加入了工作在 DCM 和 CCM 的 Buck 变换器，仿真结果表明：当整流器的负载为工作在 DCM 的 Buck 变换器时，由于负载非线性程度过高，稳态的交流侧电流谐波较多，不能达到 DO-160G 的要求，而当负载为工作在 CCM 的 Buck 变换器时，不论是启动后，还是突加突卸负载后，稳态的交流侧电流谐波均能达到 DO-160G 的要求，且输出直流电压的稳态、瞬态特性均能符合国军标 GJB 181A—2003 的规定。因此，为保证系统的电能品质，在控制 Buck 变换器时，应通过对控制器参数的调整，使其尽量工作于 CCM 下，以减小负载的非线性程度。

参 考 文 献

[1] 严东超. 飞机供电系统. 北京: 国防工业出版社, 2010.

[2] Li H H, Wang Y H, Zhu D Y. Research on harmonic elimination of the DC circuit. Applied Mechanics and Materials, 2014, 543-547: 693-696.

[3] Lücken A, Brombach J, Schulz D. Design and protection of a high voltage DC onboard grid with integrated fuel cell system on more electric aircraft. Electrical Systems for Aircraft, Railway and Ship Propulsion, 2010, 12(4): 1-6.

[4] 严仰光, 秦海鸿, 龚春英, 等. 多电飞机与电力电子. 南京航空航天大学学报, 2014, 46(1): 11-18.

[5] Sarlioglu B, Morris C T. More electric aircraft: Review, challenges, and opportunities for cmmercial transport aircraft. IEEE Transactions on Transportation Electrification, 2015, 1(1): 54-64.

[6] 秦海鸿, 严仰光. 多电飞机的电气系统. 北京: 北京航空航天大学出版社, 2016.

[7] Wheeler P, Bozhko S. The more electric aircraft: Technology and challenges. IEEE Electrification Magazine, 2014, 2(4): 6-12.

[8] Rajashekara K. Power Electronics for More Electric Aircraft. New York: John Wiley and Sons, 2014.

[9] RTCA/DO-160G. Environmental Conditions and Test Procedures for Airborne Equipment. Columbia: RTCA, 2010.

[10] Chen J W, Zhang X Q, Wen C Y. Harmonics attenuation and power factor correction of a more electric aircraft power grid using active power filter. IEEE Transactions on Industrial Electronics, 2016, 63(12): 7310-7319.

[11] Jia Y, Rajashekara K. An induction generator based AC/DC hybrid electric power generation system for more electric aircraft. IEEE Transactions on Industry Applications, 2015, 53(3): 2485-2494.

[12] 马鹏, 刘卫国, 骆光照, 等. 一种三级式航空无刷同步电机起动控制策略. 电机与控制学报, 2012, 16(11): 29-32.

[13] Jiang D, Lai R, Wang F, et al. Study of conducted EMI reduction for three-phase active front-end rectifier. IEEE Transactions on Power Electronics, 2011, 26(12): 3823-3831.

[14] Baghramian A, Cross A, Forsyth A. Interactions within heterogeneous systems of uncontrolled rectifiers for aircraft electrical power systems. IET Electrical Systems in Transportation, 2011, 1(1): 49-60.

[15] 中国人民解放军总装备部. 飞机供电特性. GJB 181A—2003. 北京: 空军标办, 2003.

[16] Mon-Nzongo D L, Jin T, Ipoum-Ngome P G, et al. An improved topology for multipulse AC/DC converters within HVDC and VFD systems: Operation in degraded modes. IEEE Transactions on Industrial Electronics, 2018, 65(5): 3646-3656.

[17] Liu J C P, Chi K T, Poon N K, et al. APFC voltage regulator with low input current distortion

derived from a rectifierless topology. IEEE Transactions on Power Electronics, 2017, 21(4): 906-911.

[18] Meier S, Norrga S, Nee H P. New topology for more efficient AC/DC converters for future offshore wind farms. Electrical Engineering Electronic Engineering Information Engineering, 2010, 15(6): 1-6.

[19] Claire J C L. Double boost effect topology for three-phase AC/DC converter with unity power factor. European Conference on Power Electronics and Applications, 2008: 3199-3205.

[20] Garcia O, Cobos J A, Prieto R, et al. Novel power factor correction AC/DC converters with high efficiency based on the forward topology. Power Electronics Specialists Conference, 1998: 1815-1821.

[21] Zhang Y, Qu C. Direct power control of a pulse width modulation rectifier using space vector modulation under unbalanced grid voltages. IEEE Transactions on Power Electronics, 2015, 30(10): 5892-5901.

[22] Zhang Y, Xie W, Li Z, et al. Model predictive direct power control of a PWM rectifier with duty cycle optimization. IEEE Transactions on Power Electronics, 2013, 28(11): 5343-5351.

[23] Rajaei A, Mohamadian M, Varjani A Y. Vienna-rectifier-based direct torque control of PMSG for wind energy application. IEEE Transactions on Industrial Electronics, 2013, 60(7): 2919-2929.

[24] Liao Y H. A novel reduced switching loss bidirectional AC/DC converter PWM strategy with feedforward control for grid-tied microgrid systems. IEEE Transactions on Power Electronics, 2013, 29(3): 1500-1513.

[25] Hang L, Li B, Zhang M, et al. Equivalence of SVM and carrier-based PWM in three-phase/wire/level vienna rectifier and capability of unbalanced-load control. IEEE Transactions on Industrial Electronics, 2013, 61(1): 20-28.

[26] Zhang W, Hou Y, Liu X, et al. Switched control of three-phase voltage source PWM rectifier under a wide-range rapidly varying active load. IEEE Transactions on Power Electronics, 2012, 27(2): 881-890.

[27] Chen H C, Liao J Y. Multiloop interleaved control for three-level switch-mode rectifier in AC/DC applications. IEEE Transactions on Industrial Electronics, 2014, 61(7): 3210-3219.

[28] Bento A A D M, Vieira P K P, Silva E R C D. Application of the one-cycle control technique to a three-phase three-level NPC rectifier. IEEE Transactions on Industry Applications, 2014, 50(2): 1177-1184.

[29] 张东升, 张东来, 王陶, 等. 三电平整流器的 PFC 及中点平衡控制方法. 电工技术学报, 2009, 24(10): 81-86.

[30] Leibl M, Kolar J W, Deuringer J. Sinusoidal input current discontinuous conduction mode control of the vienna rectifier. IEEE Transactions on Power Electronics, 2017, 32(11): 8800-8812.

[31] 严刚, 姚文熙, 李宾, 等. 混合导通模式三相三电平 VIENNA 整流器控制策略. 电工技术学报, 2012, 27(12): 87-93.

[32] Jeevan A, Kumar P S. Reduction of input current harmonic distortions and balancing of output voltages of the vienna rectifier under supply voltage disturbances. IEEE Transactions on Power Electronics, 2017, 32(7): 5802-5812.

[33] Lee J S, Lee K B. Performance analysis of carrier-based discontinuous PWM method for vienna rectifiers with neutral-point voltage balance. IEEE Transactions on Power Electronics, 2016, 31(6): 4075-4084.

[34] Zeng Z, Zheng W, Zhao R, et al. Modeling, modulation, and control of the three-phase four-switch PWM rectifier under balanced voltage. IEEE Transactions on Power Electronics, 2016, 31(7): 4892-4905.

[35] Silva M, Hensgens N, Oliver J A, et al. Isolated swiss-forward three-phase rectifier with resonant reset. IEEE Transactions on Power Electronics, 2016, 31(7): 4795-4808.

[36] Stupar A, Friedli T, Minibock J, et al. Towards a 99% efficient three-phase buck-type PFC rectifier for 400-V DC distribution systems. IEEE Transactions on Power Electronics, 2012, 27(4): 1732-1744.

[37] Batista F A B, Barbi I. Space vector modulation applied to three-phase three-switch two-level unidirectional PWM rectifier. IEEE Transactions on Power Electronics, 2007, 22(6): 2245-2252.

[38] Song Z, Tian Y, Yan Z, et al. Direct power control for three-phase two-level voltage-source rectifiers based on extended-state observation. IEEE Transactions on Industrial Electronics, 2016, 63(7): 4593-4603.

[39] Heldwein M L, Mussa S A, Barbi I. Three-phase multilevel PWM rectifiers based on conventional bidirectional converters. IEEE Transactions on Power Electronics, 2010, 25(3): 545-549.

[40] Vahedi H, Al-Haddad K. A novel multilevel multioutput bidirectional active buck PFC rectifier. IEEE Transactions on Industrial Electronics, 2016, 63(9): 5442-5450.

[41] Chai J Y, Chang Y C, Liaw C M. On the switched-reluctance motor drive with three-phase single-switch switch-mode rectifier front-end. IEEE Transactions on Power Electronics, 2010, 25(5): 1135-1148.

[42] 郑文兵, 肖湘宁. 单开关三相高功率因数/低谐波整流器的研究. 电网技术, 1999, 23(1): 33-37.

[43] Kumar M, Huber L, Jovanović M M. Startup procedure for DSP-controlled three-phase six-switch boost PFC rectifier. IEEE Transactions on Power Electronics, 2015, 30: 4514-4523.

[44] Huber L, Kumar M, Jovanović M M. Performance comparison of PI and P compensation in DSP-based average-current-controlled three-phase six-switch boost PFC rectifier. IEEE Transactions on Power Electronics, 2015, 30(12): 7123-7137.

[45] Kumar M, Huber L, Jovanović M. Start-up procedure for three-phase six-switch boost PFC rectifier. IEEE Transactions on Power Electronics, 2014, 30(8): 1.

[46] Tsai M T, Chu C L, Mi C M, et al. Design a three-phase three-level rectifier for unbalance loads and unequal bus voltages requirements. The 9th IEEE Conference on Industrial Electronics and Applications, 2014: 107-112.

[47] Imaneini H, Farhangi S, Schanen J L, et al. A fault-tolerant control strategy for cascaded H-bridge multilevel rectifiers. Journal of Power Electronics, 2010, 10(1): 34-42.

[48] Burgos R, Lai R, Pei Y, et al. Space vector modulator for Vienna-type rectifiers based on the equivalence between two-and three-level converters: A carrier-based implementation. IEEE Transactions on Power Electronics, 2008, 23(4): 1888-1898.

[49] Pan Z, Peng F Z, Corzine K A, et al. Voltage balancing control of diode-clamped multilevel rectifier/inverter systems. IEEE Transactions on Industry Applications, 2005, 41(6): 1698-1706.

[50] 段文岩, 何英杰, 刘云峰, 等. 空间矢量脉宽调制方法在单相三电平中点箝位型整流器中的应用. 西安交通大学学报, 2016, 50(11): 91-96.

[51] Schechter N, Kuperman A. Zero-sequence manipulation to maintain correct operation of NPC-PFC rectifier upon neutral line disconnection and reconnection. IEEE Transactions on Industrial Electronics, 2016, 64(1): 866-872.

[52] Ezzahra F, Hamouda M, Ben J. Real-time implementation of an open-circuit DC-bus capacitor fault diagnosis method for a three-level NPC rectifier. International Journal of Advanced Computer Science and Applications, 2016, 7(11): 243-247.

[53] 钟志浩. 飞跨电容型三电平 Buck 变换器的功能集成与动态优化研究. 武汉: 华中科技大学, 2015.

[54] 王小峰. 三相多电平变流器电压平衡、箝位策略与调制技术研究. 杭州: 浙江大学, 2007.

[55] Minibock J, Kolar J W. Novel concept for mains voltage proportional input current shaping of a Vienna rectifier eliminating controller multipliers. IEEE Transactions on Industrial Electronics, 2005, 52(1): 162-170.

[56] Qiao C, Smedley K M. Three-phase unity-power-factor star-connected switch (Vienna) rectifier with unified constant-frequency integration control. IEEE Transactions on Power Electronics, 2003, 18(4): 952-957.

[57] 王涛, 吴黎明, 张晓. 三相电压型脉宽调制整流器定频模型预测控制. 电机与控制应用, 2017, 44(5): 17-21.

[58] 张纯江, 郭忠南, 王芹, 等. 基于新型相位幅值控制的三相 PWM 整流器双向工作状态分析. 中国电机工程学报, 2006, 26(11): 167-171.

[59] Liu Y, Sun Y, Su M. A control method for bridgeless Cuk/Sepic PFC rectifier to achieve power decoupling. IEEE Transactions on Industrial Electronics, 2017, 64(9): 7272-7276.

[60] Lo Y K, Chiu H J, Ou S Y. Dual hysteresis loops for a high-performance four-switch boost rectifier. IEEE Transactions on Industrial Electronics, 2000, 47(5): 1174-1176.

[61] Li B, Liu T, Xu W, et al. Research on technical requirements of line-commutated converter-based high-voltage direct current participating in receiving end AC system's black start. IET Generation Transmission and Distribution, 2016, 10(9): 2071-2078.

[62] Li S, Zhu G R, Tan S C, et al. Direct AC/DC rectifier with mitigated low-frequency ripple through inductor-current waveform control. IEEE Transactions on Power Electronics, 2015, 30(8): 4336-4348.

[63] Li S, Haskew T A, Swatloski R P, et al. Optimal and direct-current vector control of direct-driven PMSG wind turbines. IEEE Transactions on Power Electronics, 2012, 27(5): 2325-2337.

[64] Bouafia A, Gaubert J P, Krim F. Predictive direct power control of three-phase pulse width modulation (PWM) rectifier using space-vector modulation (SVM). IEEE Transactions on Power Electronics, 2010, 25(1): 228-236.

[65] Hang L, Zhang H, Liu S, et al. A novel control strategy based on natural frame for Vienna-type rectifier under light unbalanced-grid conditions. IEEE Transactions on Industrial Electronics,

2015, 62(3): 1353-1362.

[66] Liu S, Hang L, Zhang M. Natural frame-based strategy for Vienna-type rectifier with light unbalanced input voltages. IET Power Electronics, 2013, 6(7): 1427-1435.

[67] Arkadan A A, Hijazi T M, Demerdash N A. Computer-aided modeling of a rectified DC load-permanent magnet generator system with multiple damper windings in the natural *abc* frame of reference. IEEE Transactions on Energy Conversion, 2002, 4(3): 518-525.

[68] 马辉, 谢运祥. 基于滑模变结构的 Vienna 整流器新型双闭环控制策略研究. 电工技术学报, 2015, 30(12): 143-151.

[69] Qiang S. A dual single-input single-output model of PWM rectifier based on α-β stationary frame. Transactions of China Electrotechnical Society, 2010, 25(3): 73-80.

[70] Hu Z, Hu W, Wang Z, et al. Global sliding mode control based on a hyperbolic tangent function for matrix rectifier. Journal of Power Electronics, 2017, 17(4): 991-1003.

[71] 陆熙, 石健将, 何湘宁. 基于 DQ 变换的三相 PWM 整流器控制方案. 机电工程, 2008, 16(1): 78-81.

[72] Salaet J, Alepuz S, Gilabert A, et al. Comparison between two methods of DQ transformation for single phase converters control. Application to a 3-level boost rectifier. Power Electronics Specialists Conference, 2004: 214-220.

[73] Khazraei M, Sepahvand H, Ferdowsi M, et al. Hysteresis-based control of a single-phase multilevel flying capacitor active rectifier. IEEE Transactions on Power Electronics, 2012, 28(1): 154-164.

[74] Maswood A I, Al-Ammar E, Liu F. Average and hysteresis current-controlled three-phase three-level unity power factor rectifier operation and performance. IET Power Electronics, 2011, 4(7): 752-758.

[75] Noguchi T, Tomiki H, Kondo S, et al. Direct power control of PWM converter without power-source voltage sensors. IEEE Transactions on Industrial Electronics, 1998, 34(3): 473-479.

[76] 王久和, 李华德. 一种新的电压型 PWM 整流器直接功率控制策略. 中国电机工程学报, 2005, 25(16): 47-52.

[77] Huang J, Zhang A, Zhang H, et al. Improved direct power control for rectifier based on fuzzy sliding mode. IEEE Transactions on Control Systems Technology, 2014, 22(3): 1174-1180.

[78] 黄晶晶, 孙元岗, 同向前, 等. 基于变换器的分段式直接功率控制. 电工技术学报, 2016, 31(14): 176-182.

[79] Zhang Y, Long J, Zhang Y, et al. Table-based direct power control for three-level neutral point-clamped pulse-width modulated rectifier. IET Power Electronics, 2013, 6(8): 1555-1562.

[80] 李宁, 王跃, 王兆安. 基于新型矢量选择表的电压型三电平中性点钳位整流器直接功率控制策略. 电工技术学报, 2016, 31(8): 76-89.

[81] Shi T N, Wang J, Zhang C, et al. Direct power control for three-level PWM rectifier based on hysteresis strategy. Science China Technological Sciences, 2012, 55(11): 3019-3028.

[82] Stihi O, Ooi B T. A single-phase controlled-current PWM rectifier. IEEE Transactions on Power Electronics, 1988, 3(4): 453-459.

[83] Lee J S, Lee K B. A novel carrier-based PWM method for vienna rectifier with a variable power

factor. IEEE Transactions on Industrial Electronics, 2015, 63(1): 3-12.

[84] Youssef N B H, Al-Haddad K, Kanaan H Y. Implementation of a new linear control technique based on experimentally validated small-signal model of three-phase three-level boost-type vienna rectifier. IEEE Transactions on Industrial Electronics, 2008, 55(4): 1666-1676.

[85] Youssef N B H, Al-Haddad K, Kanaan H Y. Large-signal modeling and steady-state analysis of a 1.5-kW three-phase/switch/level (Vienna) rectifier with experimental validation. IEEE Transactions on Industrial Electronics, 2008, 55(3): 1213-1224.

[86] 孙强, 魏克新, 王莎莎, 等. PWM 变换器在矢量旋转坐标系下比例谐振控制策略及其鲁棒性设计. 中国电机工程学报, 2016, 36(5): 1344-1356.

[87] Harnefors L, Yepes A G, Vidal A, et al. Passivity-based controller design of grid-connected VSCs for prevention of electrical resonance instability. IEEE Transactions on Industrial Electronics, 2015, 62(2): 702-710.

[88] Smedley K M, Cuk S. One-cycle control of switching converters. IEEE Transactions on Power Electronics, 1995, 10(6): 625-633.

[89] Qiao C, Smedley K M, Maddaleno F. A single-phase active power filter with one-cycle control under unipolar operation. IEEE Transactions on Circuits and Systems I Regular Papers, 2004, 51(8): 1623-1630.

[90] Smedley K M, Zhou L, Qiao C. Unified constant-frequency integration control of active power filters-steady-state and dynamics. IEEE Transactions on Power Electronics, 2001, 16(3): 428-436.

[91] 韦徵, 陈新, 陈杰, 等. 三相 PFC 整流器改进单周期控制策略. 电工技术学报, 2014, 29(6): 196-203.

[92] Lascu C, Jafarzadeh S, Fadali M S, et al. Direct torque control with feedback linearization for induction motor drives. IEEE Transactions on Power Electronics, 2016, 32(3): 2072-2080.

[93] 潘月斗, 陈继义, 徐杰, 等. 矩阵变换器输入电流的状态反馈线性化控制. 高电压技术, 2014, 40(8): 2497-2503.

[94] 李洁, 孔维超, 钟彦儒. 一种不引入零动态的异步电机反馈线性化控制. 电工技术学报, 2014, 29(1): 110-115.

[95] Rioual P, Pouliquen H, Louis J P. Non linear control of PWM rectifier by state feedback linearization and exact PWM control. Power Electronics Specialists Conference, 1994: 1095-1102.

[96] Pouliquen H, Louis J P, Rioual P, et al. Regulation of a PWM rectifier in the unbalanced network state using a generalized model. IEEE Transactions on Power Electronics, 1996, 11(3): 495-502.

[97] 邓卫华, 张波, 丘东元, 等. 三相电压型 PWM 整流器状态反馈精确线性化解耦控制研究. 中国电机工程学报, 2005, 25(7): 97-103.

[98] Ansari R, Feyzi M R, Hamed K A, et al. Input-output linearisation of a fourth-order input-affine system describing the evolution of a three-phase/switch/level (Vienna) rectifier. IET Power Electronics, 2010, 4(8): 867-883.

[99] Macchelli A. Passivity-based control of implicit port-hamiltonian systems. Systems and Control Letters, 2016, 94(4): 11-18.

[100] Lee D, Lui K Y. Passive configuration decomposition and passivity-based control of

nonholonomic mechanical systems. IEEE Transactions on Robotics, 2016, 33(2): 281-297.

[101] Lee T S. Lagrangian modeling and passivity-based control of three-phase AC/DC voltage-source converters. IEEE Transactions on Industrial Electronics, 2004, 51(4): 892-902.

[102] Mehrasa M, Lesan S, Emeni S N H, et al. Passivity-based control with dual Lagrangian model of four-wire three-level three-phase NPC voltage-source rectifier. Compatibility and Power Electronics, 2009, 7(11): 411-418.

[103] Knight J, Shirsavar S, Holderbaum W. An improved reliability cuk based solar inverter with sliding mode control. IEEE Transactions on Power Electronics, 2017, 21(4): 1107-1115.

[104] Tang G, Xu Z, Dong H, et al. Sliding mode robust control based active-power modulation of multi-terminal HVDC transmissions. IEEE Transactions on Power Systems, 2016, 31(2): 1614-1623.

[105] Pradhan R, Subudhi B. Double integral sliding mode MPPT control of a photovoltaic system. IEEE Transactions on Control Systems Technology, 2016, 24(1): 285-292.

[106] Guzman R, de Vicuna L G, Morales J, et al. Sliding-mode control for a three-phase unity power factor rectifier operating at fixed switching frequency. IEEE Transactions on Power Electronics, 2016, 31(1): 758-769.

[107] 马辉, 谢运祥, 施泽宇, 等. Vienna 整流器滑模直接功率及中点电位平衡控制策略. 电机与控制学报, 2016, 20(8): 10-16.

[108] Boiko I, Fridman L. Analysis of chattering in continuous sliding-mode controllers. IEEE Transactions on Automatic Control, 2005, 50(9): 1442-1446.

[109] Kachroo P, Tomizuka M. Chattering reduction and error convergence in the sliding-mode control of a class of nonlinear systems. IEEE Transactions on Automatic Control, 1996, 41(7): 1063-1068.

[110] Fallaha C J, Saad M, Kanaan H Y, et al. Sliding-mode robot control with exponential reaching law. IEEE Transactions on Industrial Electronics, 2011, 58(2): 600-610.

[111] Li H F, Sun W C, Li Z Y. Exponential approach law based sliding control for a hypersonic vehicle. The 2nd International Symposium on System and Control in Aerospace and Application, 2009: 1-8.

[112] 米阳, 李文林, 井元伟. 基于幂次趋近律的一类离散时间系统的变结构控制. 控制与决策, 2008, 23(6): 643-646.

[113] Bhat A H, Langer N. Capacitor voltage balancing of three-phase neutral-point-clamped rectifier using modified reference vector. IEEE Transactions on Power Electronics, 2014, 29(2): 561-568.

[114] Song W Z, Xing F X, Yan H, et al. A hybrid control method to suppress the three-time fundamental frequency neutral-point voltage fluctuation in a Vienna rectifier. IEEE Journal of Emerging and Selected Topics in Power Electronics, 2016, 4(2): 468-480.

[115] Kolar J W, Drofenik U, Zach F C. Current handling capability of the neutral point of a three-phase/switch/level boost-type PWM (Vienna) rectifier. The 27th Annual IEEE Power Electronics Specialists Conference, 1996: 1329-1336.

[116] 王正, 谭国俊, 曾维俊, 等. 基于 SVPWM 的 Vienna 整流器研究. 电气传动, 2011, (4): 31-34.

[117] Wang C, Li Y. Analysis and calculation of zero-sequence voltage considering neutral-point potential balancing in three-level NPC converters. IEEE Transactions on Industrial Electronics, 2010, 57(7): 2262-2271.

[118] Pou J, Zaragoza J, Ceballos S, et al. A carrier-based PWM strategy with zero-sequence voltage injection for a three-level neutral-point-clamped converter. IEEE Transactions on Power Electronics, 2012, 27(2): 642-651.

[119] 宋卫章, 黄骏, 钟彦儒, 等. 带中点电位平衡控制的 Vienna 整流器滞环电流控制方法. 电网技术, 2013, 37(7): 1909-1914.

[120] Yin B, Oruganti R, Panda S K, et al. An output-power-control strategy for a three-phase PWM rectifier under unbalanced supply conditions. IEEE Transactions on Industrial Electronics, 2008, 55(5): 2140-2151.

[121] Stankovic A V, Chen K. A new control method for input-output harmonic elimination of the PWM boost-type rectifier under extreme unbalanced operating conditions. IEEE Transactions on Industrial Electronics, 2009, 56(7): 2420-2430.

[122] 陈慧春, 车权, 谢维兵, 等. 改进对称瞬时分量法及其在双馈感应发电机负序电流抑制控制中的应用. 微电机, 2016, 49(5): 49-53.

[123] 徐金榜, 何顶新, 赵金, 等. 电压不平衡情况下 PWM 整流器功率分析方法. 中国电机工程学报, 2006, 26(16): 80-85.

[124] 马亮. 大功率光伏并网逆变系统研究. 北京: 北京交通大学, 2012.

[125] 刘宿城, 周雒维, 卢伟国, 等. 通过小信号环路估计 DC-DC 开关变换器的大信号稳定区域预测. 电工技术学报, 2014, 29(4): 63-69.

[126] Prasanna U R, Rathore A K. Small-signal modeling of active-clamped ZVS current-fed full-bridge isolated DC/DC converter and control system implementation using PSoC. IEEE Transactions on Industrial Electronics, 2013, 61(3): 1253-1261.

[127] Erickson R W. Fundamentals of Power Electronics. Dordrecht: Kluwer Academic Publishers, 2001.

[128] Mossoba J T, Krein P T. Exploration of deadbeat control for DC-DC converters as hybrid systems. The 36th Power Electronic Specialists Conference, 2005: 1004-1010.

[129] Rodriguez E, Aroudi A E, Guinjoan F, et al. A ripple-based design-oriented approach for predicting fast-scale instability in DC-DC switching power supplies. IEEE Transactions on Circuits and Systems I Regular Papers, 2012, 59(1): 215-227.

[130] Alfayyoumi M, Nayfeh A H, Borojevic D. Modeling and analysis of switching-mode DC-DC regulators. International Journal of Bifurcation and Chaos, 2000, 10(2): 373-390.

[131] Fang C C. Unified discrete-time modeling of buck converter in discontinuous mode. IEEE Transactions on Power Electronics, 2011, 26(8): 2335-2342.

[132] Mazumder S K, Nayfeh A H, Borojevic D. Robust control of parallel DC-DC buck converters by combining integral-variable-structure and multiple-sliding-surface control schemes. IEEE Transactions on Power Electronics, 2002, 17(3): 428-437.

[133] Lopez M, Garcia D V L, Castilla M, et al. Interleaving of parallel DC-DC converters using sliding mode control. Proceedings of the Conference of the IEEE, 1998: 1055-1059.

[134] Urtasun A, Sanchis P, Marroyo L. Adaptive voltage control of the DC/DC boost stage in PV converters with small input capacitor. IEEE Transactions on Power Electronics, 2013, 28(11): 5038-5048.

[135] 许小虎, 和军平. 半桥 DC/DC 开关变换器的自适应控制. 电力电子技术, 2008, 42(4): 20-21.

[136] Salomonsson D, Soder L, Sannino A. An adaptive control system for a DC microgrid for data centers. IEEE Transactions on Industry Applications, 2008, 44(6): 1910-1917.

[137] Chen Y K, Wu Y C, Song C C, et al. Design and implementation of energy management system with fuzzy control for DC microgrid systems. IEEE Transactions on Power Electronics, 2012, 28(4): 1563-1570.

[138] Mazouz N, Midoun A. Control of a DC/DC converter by fuzzy controller for a solar pumping system. International Journal of Electrical Power and Energy Systems, 2011, 33(10): 1623-1630.

[139] Guo L, Hung J Y, Nelms R M. Evaluation of DSP-based PID and fuzzy controllers for DC-DC converters. IEEE Transactions on Industrial Electronics, 2009, 56(6): 2237-2248.

[140] He D, Nelms R M. Fuzzy logic average current-mode control for DC-DC converters using an inexpensive 8-bit microcontroller. IEEE Transactions on Industry Applications, 2005, 41(6): 1531-1538.

[141] Zhou X X, Li J S, Guo D. Study on genetic neural network control strategy for DC/DC converter. Advanced Materials Research, 2011, 268-270: 1921-1927.

[142] Sone D, Ayabe K, Takeda F, et al. The use of on-line learning and control neural network to DC/DC converter. Journal of the Institute, 2011, 31: 578-587.

[143] Liu X Q, Zhang H Y, Liu J, et al. Fault detection and diagnosis of permanent-magnet DC motor based on parameter estimation and neural network. IEEE Transactions on Industrial Electronics, 2002, 47(5): 1021-1030.

[144] Utkin V I, Guldner J, Shi J. Sliding Mode Control in Electro-Mechanical Systems. Boca Raton: CRC Press, 2009.

[145] Vu T L, Ge S S, Hang C C. Real-time deterministic generation of maximally entangled two-qubit and three-qubit states via bang-bang control. Physical Review A, 2012, 85(1): 3353-3366.

[146] Silva C, Trelat E. Smooth regularization of bang-bang optimal control problems. IEEE Transactions on Automatic Control, 2010, 55(11): 2488-2499.

[147] Tsai J C, Chen C L, Lee Y H, et al. Modified hysteretic current control (MHCC) for improving transient response of boost converter. IEEE Transactions on Circuits and Systems I Regular Papers, 2011, 58(8): 1967-1979.

[148] Ki W H, Lai K M, Zhan C. Charge balance analysis and state transition analysis of hysteretic voltage mode switching converters. IEEE Transactions on Circuits and Systems I Regular Papers, 2011, 58(5): 1142-1153.

[149] Cid-Pastor A, Giral R, Calvente J, et al. Interleaved converters based on sliding-mode control in a ring configuration. IEEE Transactions on Circuits and Systems I Regular Papers, 2011, 58(10): 2566-2577.

[150] Carpita M, Marchesoni M. Experimental study of a power conditioning system using sliding mode control. IEEE Transactions on Power Electronics, 1996, 11(5): 731-742.

[151] Vidal-Idiarte E, Carrejo C E, Calvente J, et al. Two-loop digital sliding mode control of DC-DC power converters based on predictive interpolation. IEEE Transactions on Industrial Electronics, 2011, 58(6): 2491-2501.

[152] Tan S C, Lai Y M, Tse C K, et al. Adaptive feedforward and feedback control schemes for sliding mode controlled power converters. IEEE Transactions on Power Electronics, 2006, 21(1): 182-192.

[153] Guo S, Lin-Shi X, Allard B, et al. Digital sliding-mode controller for high-frequency DC/DC SMPS. IEEE Transactions on Power Electronics, 2010, 25(5): 1120-1123.

[154] Yan W T, Ho C N M, Chung H S H, et al. Fixed-frequency boundary control of buck converter with second-order switching surface. IEEE Transactions on Power Electronics, 2009, 24(9): 2193-2201.

[155] Tan S C, Lai Y M, Tse C K, et al. A fixed-frequency pulse width modulation based quasi-sliding-mode controller for buck converters. IEEE Transactions on Power Electronics, 2005, 20(6): 1379-1392.

[156] 王艳敏, 曹雨晴, 夏红伟. Buck 变换器的电压电流双闭环终端滑模控制. 电机与控制学报, 2016, 20(8): 92-97.

[157] Maity S. Dynamics and stability issues of a discretized sliding-mode controlled DC-DC buck converter governed by fixed-event-time switching. IEEE Transactions on Circuits and Systems I Regular Papers, 2013, 60(6): 1657-1669.

[158] 吴宇, 皇甫宜耿, 张琳, 等. 大扰动 Buck-Boost 变换器的鲁棒高阶滑模控制. 中国电机工程学报, 2015, 35(7): 1740-1748.

[159] 黄晶晶, 张爱民, 陈晓菊, 等. 三相电压型 PWM 整流器双开关表直接功率控制策略. 电力系统自动化, 2012, 36(18): 128-133.

[160] 姚绪梁, 王旭, 马赫. 三相电压型 PWM 整流器双开关表直接功率控制策略研究. 电机与控制学报, 2015, 19(10): 71-77.

[161] 韩愚拙, 林明耀, 郝立, 等. 电压型 PWM 整流器三状态直接功率控制策略. 电工技术学报, 2013, 28(5): 208-212.

[162] Li T, Ouyang H, Kang Y, et al. The research of single-phase PWM rectifier based on direct current control technology. International Conference on Power Electronics and Intelligent Transportation System, 2010: 276-279.

[163] Zhang H, Yu R W, Yan Z F, et al. Design of robust direct current control for three-level pulse-width modulated rectifier. Journal of Computational and Theoretical Nanoscience, 2016, 13(5): 3151-3160.

[164] Zhang Y, Gao J, Qu C. Relationship between two direct power control methods for PWM rectifiers under unbalanced network. IEEE Transactions on Power Electronics, 2017, 32(5): 4084-4094.

[165] Kulikowski K, Sikorski A. New DPC look-up table methods for 3-level AC/DC converter. IEEE Transactions on Industrial Electronics, 2016, 63(12): 1-9.

[166] Norniella J G, Cano J M, Orcajo G A, et al. Multiple switching tables direct power control of active front-end rectifiers. IET Power Electronics, 2014, 7(6): 1578-1589.

[167] Lee J S, Lee K B. Performance analysis of carrier-based discontinuous PWM method for Vienna

rectifiers with neutral-point voltage balance. IEEE Transactions on Power Electronics, 2016, 31(6): 4075-4084.

[168] Mukherjee D, Kastha D. Voltage sensorless control of the three-level three-switch Vienna rectifier with programmable input power factor. IET Power Electronics, 2015, 8(8): 1349-1357.

[169] 张晓华, 郭源博, 佟雷, 等. 三相 PWM 整流器的 dSPACE 实时仿真与控制器参数整定. 电工技术学报, 2013, 28(2): 219-224.

[170] Kim J H, Jou S T, Choi D K, et al. Direct power control of three-phase boost rectifiers by using a aliding-mode acheme. Journal of Power Electronics, 2013, 13(6): 1000-1007.

[171] Ma H, Xie Y, Shi Z. Improved direct power control for Vienna-type rectifiers based on sliding mode control. IET Power Electronics, 2016, 9(3): 427-434.

[172] Yu S, Yu X, Shirinzadeh B, et al. Continuous finite-time control for robotic manipulators with terminal sliding mode. Proceedings of the 6th International Conference of Information Fusion, 2005: 1433-1440.

[173] 陆翔, 谢运祥, 桂存兵, 等. 基于无源性与滑模变结构控制相结合的 Vienna 整流器控制策略. 电力自动化设备, 2014, 34(10): 110-115.

[174] 李军红, 陈潮填, 唐忠平. 交流永磁同步电机伺服系统的变结构控制. 微特电机, 2004, 10(1): 26-28.

[175] 高为炳. 变结构控制的理论及设计方法. 北京: 科学出版社, 1995.

[176] 张合新, 范金锁, 孟飞, 等. 一种新型滑模控制双幂次趋近律. 控制与决策, 2013, 28(2): 289-293.

[177] Polyakov A, Fridman L. Stability notions and Lyapunov functions for sliding mode control systems. International Journal of the Franklin Institute-Engineering and Applied Mathematics, 2014, 351(4): 1831-1865.

[178] 张瑶, 马广富, 郭延宁, 等. 一种多幂次滑模趋近律设计与分析. 自动化学报, 2016, 42(3): 466-472.

[179] 田野, 蔡远利. 一种新型变指数幂次趋近律的设计与分析. 中国惯性技术学报, 2019, 27(2): 241-247.

[180] 耿强, 夏长亮, 阎彦, 等. 电网电压不平衡情况下 PWM 整流器恒频直接功率控制. 中国电机工程学报, 2010, 30(36): 79-85.

[181] Roiu D, Bojoi R I, Limongi L R, et al. New stationary frame control scheme for three-phase PWM rectifiers under unbalanced voltage dips conditions. IEEE Transactions on Industry Applications, 2010, 46(1): 268-277.

[182] Andriyanov A I. A comparative analysis of efficiency of nonlinear dynamics control methods for a Buck converter. Materials Science and Engineering Conference Series, 2017: 1-9.

[183] Li R, O'Brien T, Lee J, et al. Analysis of parameter effects on the small-signal dynamics of buck converters with average current mode control. Journal of Power Electronics, 2012, 12(3): 399-409.

[184] Logamani P. Analysis of DC-DC buck converter with chaotic dynamics using wigner distribution. Journal of Electrical and Electronics Engineering, 2010, 3(1): 107-110.

[185] Bernardo M D, Budd C, Champneys A. Grazing, skipping and sliding: Analysis of the non-smooth dynamics of the DC/DC Buck converter. Nonlinearity, 1999, 11(4): 859-890.

[186] Corradini M L, Ippoliti G, Longhi S, et al. A Quasi-sliding mode approach for robust control and speed estimation of PM synchronous motors. IEEE Transactions on Industrial Electronics, 2012, 59(2): 1096-1104.

[187] Bartoszewicz A. Discrete-time quasi-sliding-mode control strategies. IEEE Transactions on Industrial Electronics, 2002, 45(4): 633-637.

[188] Wu C, Li Y H, Lin M, et al. Parameters design of a sliding mode controller with a hysteresis band for buck converters in continuous and discontinuous conduction modes. IEICE Electronics Express, 2016, 13(13): 1-11.

[189] 刘炳正, 彭建华. 非线性动力学. 北京: 高等教育出版社, 2004.

[190] 刘延柱, 陈立群. 非线性动力学. 上海: 上海交通大学出版社, 2000.

[191] 谢玲玲. DC-DC 开关变换器的非线性动力学特性研究. 南宁: 广西大学, 2012.

[192] Aroudi A E, Debbat M, Martinez-Salamero L. Poincaré maps modeling and local orbital stability analysis of discontinuous piecewise affine periodically driven systems. Nonlinear Dynamics, 2007, 50(3): 431-445.

[193] Xie F, Yang R, Zhang B. Bifurcation and border collision analysis of voltage-mode-controlled flyback converter based on total ampere-turns. IEEE Transactions on Circuits and Systems I Regular Papers, 2011, 58(9): 2269-2280.

[194] Banerjee S, Ranjan P, Grebogi C. Bifurcations in two-dimensional piecewise smooth maps-theory and applications in switching circuits. IEEE Transactions on Circuits and Systems I Fundamental Theory and Applications, 2000, 47(5): 633-643.

[195] 李冠林, 陈希有, 刘凤春. 混沌 PWM 逆变器输出电压功率谱密度分析. 中国电机工程学报, 2006, 26(20): 79-83.

[196] 徐红梅, 金永镐, 郭树旭. 电压控制不连续导电模式 DC-DC 变换器的熵特性研究. 物理学报, 2013, 62(24): 248401-1-248401-8.

[197] Galias Z. Local transversal Lyapunov exponents for analysis of synchronization of chaotic systems. International Journal of Circuit Theory and Applications, 1999, 27(6): 589-604.

[198] Erdin I, Achar R, Erdin K. Power Integrity aware approach to dynamic analysis of buck converters. IEEE Transactions on Components Packaging and Manufacturing Technology, 2018, 8(1): 32-40.

[199] Wu C, Li Y H, Lin M, et al. Nonlinear dynamic analysis in the V^2C-mode-controlled Buck converter by improved mLCE. IEICE Electronics Express, 2016, 13(16): 1-6.

[200] Souza S L T D, Caldas I L. Calculation of Lyapunov exponents in systems with impacts. Chaos Solitons and Fractals, 2004, 19(3): 569-579.

[201] Stefański A, Kapitaniak T. Estimation of the dominant Lyapunov exponent of non-smooth systems on the basis of maps synchronization. Chaos Solitons and Fractals, 2003, 15(2): 233-244.

[202] 李清都, 郭建丽. 切换系统 Lyapunov 指数的算法及应用. 物理学报, 2014, (10): 100501-1-100501-9.